教 / 育 / 部 / 推 / 荐 / 用 / 书
中等职业教育计算机专业系列教材

WANGYE
ZHIZUO ANLI

网页制作案例

U0248207

■ 总主编 张小毅
■ 主 编 代 强
■ 参 编 卢 静 黎 霓
胡泽锋

JIAOYUBU TUIJIAN YONGSHU
ZHONGDENG ZHIYE JIAOYU
JISUANJI ZHUANYE XILIE JIAOCAI

重庆大学出版社

内容简介

本书详细全面系统地介绍了网页制作、设计、规划的基本知识，以及网站设计、开发、发布的完整流程。全书共6章，内容基本覆盖了Photoshop Web基础知识、策划网站、设计惠团网网站页面、制作惠团网网站页面设计个人网站、设计商务网站等内容。本书结合内容知识都给出了相应的模块案例，方便读者进行实训练习，力求由浅入深，使读者快速掌握网页制作及网站设计、开发的相关技术。

本书既适合初学者，也适用于具有一定网页制作基础的读者，可作为中等职业学校各专业"网页设计与制作"的课程教材，也可作为各类培训机构相关课程的培训教材和教师参考用书。

图书在版编目（CIP）数据

网页制作案例/代强主编.—重庆：重庆大学出版社，2016.10
中等职业教育计算机专业系列教材
ISBN 978-7-5624-9811-7

Ⅰ.①网…　Ⅱ.①代…　Ⅲ.①网页制作工具—中等专业学校—教材　Ⅳ.①TP393.092

中国版本图书馆CIP数据核字（2016）第111557号

教育部推荐用书
中等职业教育计算机专业系列教材
网页制作案例
总主编　张小毅
主　编　代　强
策划编辑：王海琼
责任编辑：王海琼　　版式设计：王海琼
责任校对：关德强　　责任印制：张　策

*

重庆大学出版社出版发行
出版人：易树平
社址：重庆市沙坪坝区大学城西路21号
邮编：401331
电话：(023) 88617190　88617185（中小学）
传真：(023) 88617186　88617166
网址：http://www.cqup.com.cn
邮箱：fxk@cqup.com.cn（营销中心）
全国新华书店经销
重庆升光电力印务有限公司印刷

*

开本：787mm×1092mm　1/16　印张：10.25　字数：224千
2016年10月第1版　　2016年10月第1次印刷
印数：1—2 000
ISBN 978-7-5624-9811-7　定价：36.00元

进入21世纪，随着计算机科学技术的普及和快速发展，社会各行业的建设和发展对计算机技术的要求越来越高，计算机已成为各行各业不可缺少的基本工具之一。在今天，计算机技术的使用和发展，对计算机技术人才的培养提出了更高的要求，培养能够适应现代化建设需求的、能掌握计算机技术的高素质技能型人才，已成为职业教育人才培养的重要内容。

按照"以就业为导向"的办学方向，根据国家教育部中等职业教育人才培养的目标要求，结合社会各行业对计算机技术操作型人才的需要，我们在调查、总结前些年计算机应用型专业人才培养的基础上，重新对计算机专业的课程设置进行了调整，进一步突出专业教学内容的针对性和实效性，重视对学生计算机基础知识的教学和对计算机技术操作能力的培养，使培养出来的人才能真正满足社会行业的需要。为进一步提高教学的质量，我们专门组织了有丰富教学经验的教师和有实践经验的行业专家，重新编写了这套中等职业学校计算机专业教材。

本套教材编写采用了新的教育思想、教学观念，遵循的编写原则是："拓宽基础、突出实用、注重发展。"为满足学生对计算机技术学习的需求，力求使教材突出以下几个主要特点：一是按专业基础课、专业特征课和岗位能力课三个层面设置课程体系——设置所有计算机专业共用的几门专业基础课，按不同专业方向开设专业特征课，同时根据专业就业所要从事的某项具体工作开设相关的岗位能力课；二是体现以学生为本，针对目前职业学校学生学习的实际情况，按照学生对专业知识和技能学习的要求，教材在编写中注意了语言表述的通俗性，以任务驱动的方式组织教材内容，以服务学生为宗旨，突出学生对知识和技能学习的主体性；三是强调教材的互动性，根据学生对知识接受的过程特点，重视对学生探究能力的培养，教材编写采用了以活动为主线的方式进行，把学与教有机结合，

WANGYE ZHIZUO ANLI

XUYAN

序言

增加学生的学习兴趣,让学生在教师的帮助下,通过活动掌握计算机技术的知识和操作的能力;四是重视教材的"精、用、新",根据各行各业对计算机技术使用的需要,在教材内容的选择上,做到"精选、实用、新颖",特别注意反映计算机的新知识、新技术、新水平、新趋势,使所学的计算机知识和技能与行业需要相结合;五是编写的体例和栏目设置新颖,易受到中职学生的喜爱。这套教材实用性和操作性较强,能满足中等职业学校计算机专业人才培养目标的要求,也能满足学生对计算机专业技术学习的不同需要。

为了便于组织教学,与教材配套有相关教学资源材料供大家参考和使用。希望重新推出的这套教材能得到广大师生喜欢,为职业学校计算机专业的发展作出贡献。

中等职业学校计算机专业教材编委会

2015年7月

近年来，随着网页制作技术及其相关软件的快速更新，无论是在企业网站模块开发中，还是在学校教学实践过程中，其相应的网页设计、网站开发工作流程都在不断地变化和革新，以适应新技术的发展和职业岗位的需求。目前，网站已经成为越来越多的公司、企事业、政府类单位以及组织、个人，宣传、提升、服务、沟通的窗口，因而，掌握网页设计、规划，网站开发等技术，已经成为计算机专业学生适应社会人才需求，迎接职场挑战必不可少的基本技能。

本书根据行业对中等职业学校从事网页设计与网站建设工作所需要的能力为标准，用通俗易懂的语言和简洁实用的模块案例，采用模块实战的方式来贯穿理论知识，围绕一个完整的"惠团网"网站模块贯穿全书始终，以HTML、CSS、DIV、JavaScript技术为主线，系统、全面地介绍了网页制作、设计，网站开发所涉及的工具软件、开发流程、制作方法，偏重于实践和应用。同时，本书注重培养学生的实际能力，力求使学生通过本教材的学习就能到企业从事该项工作。

本书的另外一个特色就是以学生为中心，注重学生能力的培养与开发，教师可以根据教材所提供的主线，让学生在许多活动中去学习知识，从而达到轻松学习的效果。

全书共分6个模块，内容基本覆盖了Photoshop Web基础知识、策划网站、设计惠团网网站页面、制作惠团网网站页面、设计个人网站、设计商务网站等内容。

模块一介绍了Photoshop Web的基础知识，包括什么是网站美工及其任务、网站色彩、布局的知识和开发一个网站的流程。

模块二介绍了策划网站的相关工作，包括明确网站主题、分析相关背景材料、分析网站目标用户群和如何写网站策划书。

模块三介绍了设计惠团网网站页面，包括网页的区域划分、用Photoshop绘制惠团网首页模板、使用网页切片工具切割网页等。

WANGYE ZHIZUO ANLI

QIANYAN

前言

模块四介绍了制作惠团网网站页面的基本方法，包括了解DIV+CSS、惠团网网站DIV+CSS布局、用CSS美化惠团网网站等。

模块五介绍了设计个人网站的制作方法，包括个人音乐网站、设计个人博客。

模块六介绍了设计商业网站，包括制作房地产网站、制作产品类网站、制作门户类网站、制作娱乐类网站。

为了方便教学，编者为本书提供的所有案例、练习所用的全部素材都可在重庆大学出版社的资源网站上（www.cqup.com.cn，用户名和密码：cqup）下载。

本书模块一、模块二由重庆市龙门浩职业中学校卢静编写，模块三由垫江县第二职业中学胡泽锋编写，模块四由重庆市龙门浩职业中学校代强编写，模块五、六由沃尔玛（西南）分公司市场策划部黎霓编写。本书由代强主编并统稿。在本书的编写过程中，虽然我们力求精益求精，但由于作者水平和时间有限，书中疏漏之处在所难免，恳请读者及专家批评指正。

编　者

2016年1月

MULU
目录

模块三 设计"惠团网"网站页面

模块四 制作"惠团网"网站页面

模块五　设计个人网站

模块六　设计商业网站

模块一

初识Photoshop Web基础知识

模块描述

  随着计算机技术的普及，Internet的触角已经渗透各行各业和家庭中。网站作为面向世界的窗口之一，人们对它的需求也越来越高。如何设计和制作精美的网页呢？网页设计与制作包含多种技术。例如平面设计、动画制作、DIV+CSS技术等。

完成本模块的学习后，你将：

- ⊕ 了解网站及网页的基础知识
- ⊕ 了解网站美工以及网站美工的任务
- ⊕ 掌握开发一个网站的总体流程
- ⊕ 能绘制一个网页初稿

任务一 认识网站美工

任务描述

在网站建设中，一般分为前期策划、网页设计与制作、网站发布、网站推广以及后期维护等工作。网站美工是网页设计与制作中非常重要的一个分工，通过本任务，我们将认识网站美工，并了解其任务分工。

1.什么是网站美工

随着网络的发展，互联网上各种类型的网站层出不穷，网页也越来越多，小到个人，大到政府部门、企业等无不以网页作为自己的门面。在浏览网页时，首先映入眼帘的是整体的页面设计，如内容的摆放、导航的位置、文字的组合、图片动画的形式、色彩的搭配等。这一切都是网页设计的范畴，属于网页设计师的工作范围。

网站美工是网页设计专业衍生出来的另一个独立的行业，美工负责网站的界面设计、版面规划，把握网站的整体风格，又称网页制作师。

一个网站成功与否，取决于用户的认可度，而页面大方，布局合理，色彩搭配美观等决定着用户是否会在网站上多停留一些时间，网站美工的重要性不言而喻。要成为一名合格的网站美工，必须具备以下基本素质。

（1）审美能力

网站美工是一项艺术含量非常高的工作。首先要具备审美的能力。网页设计与制作也是平面设计中的一个分支，我们可以将平面设计中的审美观点套用其中。平面设计中的审美观点在网页设计中非常实用，如对比、构成、均衡等，这些都能在页面上显示出来。作为一名网站美工，要使自己的网页具有美感，不具备审美能力是不行的。这要求美工们平时多多积累，多多观察和分析美的来源，并灵活地将生活中的美应用在自己的作品中，只有这样才能提高自己的审美能力。

（2）学会沟通

网站建设是技术与艺术的结合，是感性思考与理性思考分析相结合的复杂过程，对于网站美工来说，网站通常不是做给自己看的，而是做给用户看的，得到用户的认可才是最终目的。一个精美、完整的网站作品需要进行不断的沟通和改进，绝不是一个人孤芳自赏，为此，在网站设计构思之前就要做好充分的准备，不断完善自己的作品。

除了了解客户的需求，与后台的程序员、模块负责人沟通也是十分必要的，网站美工在页面设计时一定要与程序员沟通，页面如何展现，展现的程序代码是否可以完成等一系列的问题，都需要沟通。

（3）不断学习

这是与时俱进的时代，知识不断在进步，发展也需要不断地更新，作为美工更要不断地学习，根据当下的潮流趋势设计客户想要的界面。空余之时，美工多半都是在学习或者参考学习别人的网站设计，融入更多的设计理念。在制作上，结合多种软件使用方法和技巧。做美工，不管是在现实还是在Internet，都离不开工具的支撑，然后艺术加工具，那么就要完全掌握多方面的使用技巧。因为很多艺术是来自于软件中，在使用软件的过程中，艺术其实也在不断地出现。

2.网站美工的任务

网站美工的任务就是负责整个网站的前台设计，界面设计、规划整个网页的布局、色彩搭配、切图制表、Flash制作等。可以使用Photoshop进行界面效果图的设计，设计Logo以及网标。所以作为网站美工掌握的重要工具之一就是Photoshop软件。下面看看网站美工的具体工作流程吧！

①根据客户需求，进行分析，选出主色调和基本设计思路。

②按照设计思路进行素材的收集。

③配合思路和素材进行初稿设计。

④将设计稿发给客户，如果客户认同则进行网页制作，如果没认同则继续进行修改，直到客户满意为止。

⑤与程序员做好沟通，如何合理地切片？切片前要先观察好，哪些是自己需要的，哪些东西能重复使用，哪些是需要越小越好的，哪些文字是必须用图片的！考虑好这些就进行切片。

⑥网页编码，按照切片时思路将网页进行编码，一般都是分为头部、主体内容、底部，主体内容有1区的、2区的、3区的，先在软件中把DIV架构好框架，再进行样式的编写。

随着互联网的日渐普及，网站的数量及种类也日渐增多。互联网是一个集合体，它包含了企业、商务、政府、个人等各类网站。网站美工要想设计出符合客户需求、适应市场的精美网站，做好功课，了解各家优秀网站，对网站的基础知识需要系统地学习。

1. 网站和网页

网站是有独立域名、独立存放空间的内容集合，这些内容可能是网页，也可能是程序或其他文件，一个完整的网站是由多个网页构成的，这些网页是彼此独立的，通过超链接链接起来。

网页是网站的基本信息单位，是一种可以在WWW上传输并被浏览者识别、翻译并显示出来的特殊文件。一般我们常见的网页文件是HTML（超文本标记语言）文件。所谓"超文本"就是指页面内除文本外，还可以包含图片、链接、音频、视频等非文字的组成部分。

网站的设计师必须考虑网页与网站的内在联系，符合网络技术的特点，体现网站的功能，了解网站与网页的关系，才能发挥出专业基础的优势，设计出精美的网页。

2. 网站的类型

按开办网站的主体以及目的分类，可分为：政府网站、企业网站、商业网站、教育科研网站、个人网站、其他非营利机构网站以及其他类型等。

按信息流转和提供的服务方式划分，可分为：门户类网站、资讯类网站、娱乐游戏类网站、电子商务类网站、交易类网站、企业类网站、政府类网站、个人主页类网站、资源服务类网站、远程教育类网站以及其他类型网站。

做一做

有了上面的学习，同学们对网站美工有了一个基本的概念。请同学们根据网站美工的分工，定一个网站的主题，在纸上绘制一个网页的初稿。

想一想

请同学们回忆本任务中学习了哪些知识，小组内可以交流总结，把总结出的知识点写在下面。

任务二　网站设计基础知识

任务描述

本任务从网站美工的角度出发，让同学们了解网站设计中关于网页配色、页面布局的基础知识。

1.网页配色的相关知识

在绘制网页之前，我们要知道网页设计涉及色彩搭配和画面构成等视觉元素，网页的配色和页面布局十分重要。

色彩的搭配对于美术功底不强的同学来说是件很头疼的问题，哪些颜色组合在一起好看呢？选定一种（推荐）或两种主题色是最为稳妥的方案。确定网站的主题色以及辅助色和主题色的关系是网站美工必须要考虑的问题。

（1）一种色彩

这里的一种色彩不是指单一的颜色，而是同一色相的色彩。使用同色系色彩设计的页面看起来色彩统一，有层次，图1-1为苹果官网。

图1-1 苹果官网

表面上看，苹果网站的色彩好像只有深灰，其实不然，插入的图片上附带的色彩也参与了色彩构成，认真分析会发现图片中采用了深浅不一的灰色，形成了明度上的变化。此外，文字的变化也会形成灰色的变化，让页面更有层次感。

（2）两种色彩

使用两种色彩的配色对比效果较强，需要注意的是应处理好这两种颜色的关系，使之协调。例如，可以选定一种色彩作为主色，然后选择另一种色彩作为辅色进行搭配，图1-2为伊卡璐网站。

绿色和玫瑰红的组合是一组华丽又妩媚的色彩，用来表现清爽型为主题非常合适，绿色为主色，玫瑰红为辅色，色调偏冷，与冷色调的绿色协调统一。

（3）多种色彩

多色彩的配色必须要考虑色彩协调统一的问题。当所有色彩的面积较大、纯度较高时，配色难度就越大，使用面积控制和增加色彩之前的关联性，可以有效降低配色的难度。图1-3为APP OVERVIEW网站。

图1-2　伊卡璐网站

图1-3　APP OVERVIEW网站

由于每个人使用色彩的习惯不同，同学们以后可以建立自己的色库，把自己认为漂亮的颜色组合起来放在色库里，积累下来，在选择颜色上就不会这么困难了。

（4）非彩色的搭配

黑、白、灰是最基本和最简单的搭配，白字黑底、黑字白底都非常清晰明了。灰色是万能色，可以和任何彩色搭配，也可以帮助两种对立的色彩和谐过渡。

知识链接

> 在网页配色中，不要将所有的颜色都用到，尽量控制在4种色彩以内，同时可以通过调整色彩的各种属性来产生变化。

2.页面布局

网页是网站的基本构成要素，而网页布局是网页的基本，为网站划分框架结构可以让网站内容层次清晰，也方便用户更清楚、方便地浏览资讯，网页布局应尽量人性化，易于查找和阅读。

（1）上下结构

上下结构是常见的一种布局方式，如果网站内容不多，则很适合这种布局方式。图1-4为宝马汽车官网。

图1-4　宝马汽车官网

在互联网上经常可以见到上下结构的网站布局，通常是把企业Logo、Banner、导航放在上边，网站正文、图片、表格等内容放在下边，而二级、三级目录使用其他组合方式。

（2）左右结构

左右结构也很适合内容较少的网站，通常情况下是把导航放置在页面的左边，正文、图片等放在右边，也有与之相反，其他内容如Logo放在页面的最上方。图1-5为LOGOED官网。

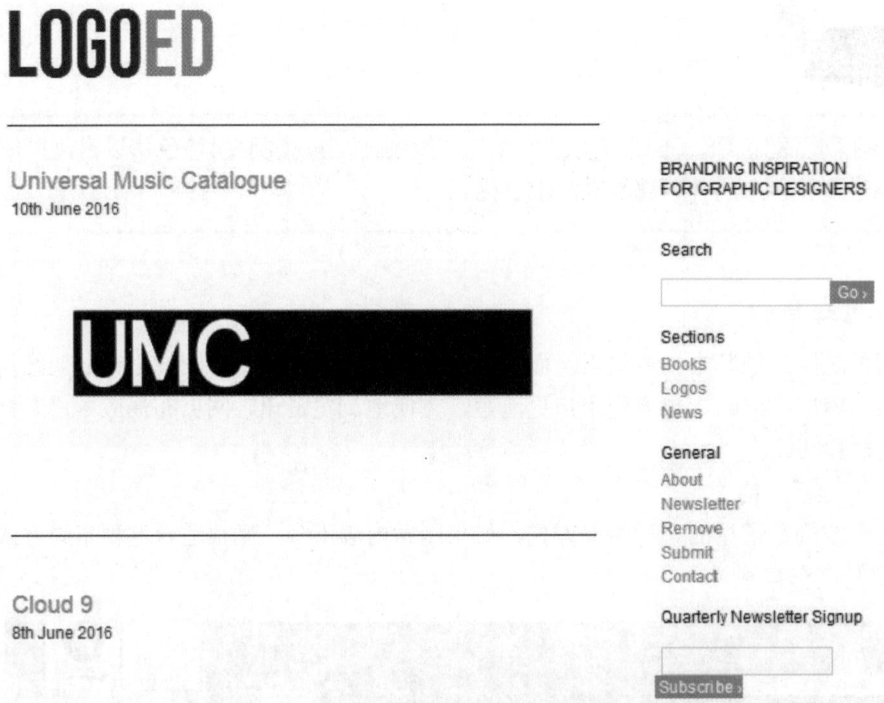

图1-5　LOGOED官网

（3）国字结构

国字结构布局的网站比较适合信息量大的网站，图1-6为惠团网。

国字形布局由同字形布局进化而来，因布局结构与汉字国相似而得名。其页面的最上部分一般放置网站的标志和导航栏或Banner广告，页面中间主要放置网站的主要内容，最下部分一般放置网站的版权信息和联系方式等。

（4）拐角型结构

拐角型结构其页面的顶部一般放置横网站的标志或Banner广告，下方左侧是导航栏菜单，下方右侧则用于放置网页正文等主要内容，如图1-7为泰国航空官网。

（5）综合型结构

综合型结构适合信息量巨大的网站，由于这种网站信息分类详细，涉及的内容复杂，网页的结构通常会根据需要划分成若干区域，每个区域内部都可能会出现不同的结构。

（6）自由型结构

自由型结构的整个布局随意大方，适合更多的个性的网站。

图1-6　惠团网

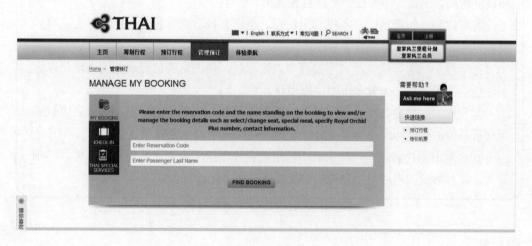

图1-7　泰国航空官网

知识链接

版面布局的步骤：

1. 草案

新建页面就像一张白纸，没有任何表格、框架和约定俗成的内容，尽可能地发挥你的想象力，将你想到的"景象"画上去。这属于创造阶段，不讲究细腻工整，不必考虑细节功能，只以粗陋的线条勾画出创意的轮廓即可。尽你的可能多画几张，最后选定一个满意的作为继续创作的脚本。

2. 粗略布局

在草案的基础上，将你确定需要放置的功能模块安排到页面上。主要包含网站标志，主菜单，新闻，搜索，友情链接，广告条，邮件列表，计数器，版权信息等。注意，这里必须遵循突出重点、平衡协调的原则，将网站标志、主菜单等最重要的模块放在最显眼、最突出的位置，然后再考虑次要模块的排放。

3. 定案

将粗略布局精细化，具体化。在布局过程中，我们可以遵循的原则如下：

①正常平衡——亦称"匀称"。多指左右、上下对照形式，主要强调秩序，能达到安定诚实、信赖的效果。

②异常平衡——即非对照形式，但也要平衡和韵律，当然都是不均整的，此种布局能达到强调性、不安性、高注目性效果。

③对比——所谓对比，不仅利用色彩、色调等技巧来作表现，在内容上也可涉及古与今、新与旧、贫与富等对比。

④凝视——所谓凝视是利用页面中人物视线，使浏览者仿照跟随的心理，以达到注视页面的效果，一般多用明星凝视状。

⑤空白——空白有两种作用，一方面对其他网站表示突出卓越；另一方面也表示网页品位的优越感，这种表现方法对体显网页的格调十分有效。

⑥尽量用图片解说——此法对不能用语言说服或用语言无法表达的情感，特别有效。图片解说的内容，可以传达给浏览者以更多的心理因素。

想一想

请同学们回忆本任务中学习了哪些知识，小组内可以交流总结，把总结出的知识点写在下面。

任务三　开发一个网站的总体流程

任务描述

本任务从网站美工的角度出发，让同学们了解一个网站开发的总体流程。

1.先用Photoshop给出效果

我们每天都要浏览很多网站，那么网站到底是怎么做出来的？首先要根据客户的需求，明确网站主题，收集素材，设计规划网站栏目和目录，就可以绘制网页了。

第1步：进行需求分析。

当拿到一个模块时，首先必须进行需求分析。可能有同学会问：需求分析，分析什么呢？比如说：客户想要做一个什么类型的网站以及这个网站的风格是什么？

第2步：规划静态内容（草图）。

收集资料，重新确定其需求分析，并根据用户需求分析，规划出网站的内容板块草图，俗称网站草图。

第3步：美工设计阶段。

美工们将草图反馈给客户确认设计方向后，根据网站草图，制作成效果图。就好比装修房子一样，首先画出效果图，然后再开始装修房子，网站也是如此。在这里，大多数美工都选择Photoshop软件绘制整体框架。

知识链接

> Photoshop是一款专业的图形图像软件，在网页设计上也是一款必不可少的软件。

2.通过切图，得到素材

切图，是一种网页制作技术，是美工们将效果图转换为页面效果图的重要技术。切片，是切图的直接结果，切图实际上就将图切分为一系列的切片。

知识链接

1. 切图的原则

①图切的大小越小越好。

②图切的数量越少越好。

对于一整张图来说，同时达到这两个原则是相互矛盾的，所以一个网页差不多切成20~30张图就可以了，这样网页的加载速度是不会受影响的。

2. 切图的技巧

①一行一行地切图。

②背景切成小条。

③不好分开就不分，选行的时候要注意合理性。

④切图的时候要放大至少到300%，因为一次移动一个像素就非常明显，否则肯定是会有遗漏，不会达到和原图一样的效果。切图完成后，仔细检查一下隔行的像素值加起来是不是整个图片的宽度，一定要仔细。

注意： 图片应该是平均切，而不是大一块，小一块的，以免图片出现速度不平衡。切图切得好不好，在打开这个站点时看到图片出来的先后顺序和速度是可以发觉的。

3.搭建DIV+CSS

根据页面结构和设计，前端和后台可以同时进行。前端：根据美工效果负责制作静态页面。后台：根据其页面结构和设计，设计数据库，并开发网站后台。

传统的网页布局是采用表格，而现今DIV+CSS的技术的出现，使得表格带来的一些不便利性和不合理性得到很好的解决。

在DIV+CSS布局中，DIV承载的是内容，而CSS承载的是样式。内容和样式的分离对于所见即所得的传统TABLE编辑方式确实是一个很大的冲击，不过使用过会发现DIV+CSS的好处实在是太明显了。

DIV的概念：全称division，意为"区分"。使用DIV 的方法跟使用其他tag 的方法一样。如果单独使用DIV 而不加任何CSS，那么它在网页中的效果和使用<P></P>是一样的，DIV本身就是容器性质的，不但可以内嵌table还可以内嵌文本和其他的HTML代码。

CSS的概念：Cascading Style Sheets 层叠式样式表。HTML语言并不是真正的版面语言，它只是标记语言，意图把文档的不同部分通过它们的功能作用进行分类，但并不指出这些元素如何在计算机屏幕上显示。CSS则提供对文档外观的更好、更全面的控制，而且不干扰文档的内容。

CSS基本语句的结构：

HTML选择符{属性1：值1；属性2：值2；属性n：值n；}

选择符是要对它应用说明的HTML元素名称；属性就是能够被CSS影响的浏览器行为，如字体、背景、边界等；值就是可以为属性设置的任何选项，如"楷体""red"等。

网站设计好以后，在本地搭建服务器，测试网站有没有什么BUG。若无问题，可以将网站打包，使用FTP上传到预先申请的网站空间或者服务器就可以浏览了。

想一想

请同学们回忆本任务中学习了哪些知识？小组内可以交流总结，把总结出的知识点写在下面。

课后评估

1. 在下面的横线上填写适当的答案。

（1）网站美工是_____。

（2）网站美工具备的基本素质有_____、_____、_____。

（3）开发一个网站的流程为_____、_____、_____。

（4）网页布局有_____、_____、_____、_____、_____。

2. 综合运用所学的模板制作知识，以"个人主页"为主题设计一个合理的网页布局图。要求合理，色彩搭配美观。

模块二

网站策划

模块描述

网站策划是网站开放过程中非常重要的一部分,一个成功的网站离不开周密的前期规划。

网站策划重点阐述了解决方案能带给客户什么价值,以及通过何种方法去实现这种价值,网站策划对网站建设起到计划和指导的作用,对网站的内容和更新起到定位作用。

完成本模块的学习后,你将:

- ⊕ 了解网页的表现形式
- ⊕ 了解策划的一般流程
- ⊕ 掌握策划书的书写
- ⊕ 能为网站做策划

任务一　明确网站主题

任务描述

　　网站必须要有一个明确的主题，明确网站主题是为了更好地制作网站，通过本任务，我们将学习如何利用网站主题选择网站的表现形式。

1.网站主题决定网页的表现形式

　　在接受开发一个网站的同时，就要有这样一个认知：网站建立的目标是什么？从一开始的设计到后期的制作都始终要围绕这个目标来制作，如果目标一旦偏离，那这个网站就是失败的。值得大家注意的是，在设计网站的时候，知道了网站的目标，但网站以哪种形式表现出来？这需要设计师们多动脑。

　　优秀的网站设计必须服务于网站的主题，就是说，什么样的网站，就应该有什么样的设计。例如，设计类的个人网站与商业类网站性质不同，目标也不同，所以评论的标准也不同。网站设计与网站主题的关系应该是：首先，设计是为主题服务的；其次，设计是艺术和技术结合的产物，就是说既要"美"，又要实现"功能"；最后，"美"和"功能"都是为了更好地表现主题。例如，百度作为一个搜索引擎，首先要实现搜索的功能，它的主题就是它的功能。图2-1为百度官网。

图2-1　百度官网

　　购物网站，就是实现电子交易的平台，产品展示的信息就是它的主题之一。图2-2为苏宁易购网站。

图2-2 苏宁易购网站

这两个网站都是成品，并经历了很长一段时间的市场考验。因此，能够肯定地说，交换这两个网站的形式是十分不可行的。如果这两个网站还没有开发，我们只拿到它的设计主题，那能否把网站主题引导到正确的网站建设方向上去呢？所以，一定要认真分析网站主题，制订最合理的设计思路和方案，以确保网站正常合理的开发。

知识链接

> 一般网站按表现形式可分为两种：静态网站和动态网站。而这里的表现形式是指网页页面的设计理念和风格。

2.对于题材选择的建议

网站的题材选择和内容是十分重要的，在选择网站建设的题材和内容上需要注意以下几点：

（1）主题要小而精

定位小，内容精。若是想制造一个一应俱全的特征，把一切以为精彩的内容都放在网站里反而会适得其反，让人感受没有主题，没有特征。互联网的最大特征即是内容新颖、更新快。

（2）内容要新颖

一个成功的网站与新颖、异乎寻常的内容是分不开的。网站定位中最首要也是最有价值的是立异。立异的内容是网站的灵魂，没有新颖的内容，网站也就失去了生命力。

（3）题材是自己擅长或喜欢的内容

若是擅长编程，就可以选择一个编程爱好者网站，而对足球感兴趣，就可以报道足球最新的战况和球星动态等。这样在制作时，才不会觉得无聊或无能为力。爱好是开发网站的动力，没有热心很难描绘制作出出色的网站。

（4）题材不要太广泛，方针不要太高

最好不要是处处可见，人人都有的题材；比如软件下载、免费信息。"方针太高"是指在这一题材上已经有十分优异、知名度很高的网站，要超越它是很艰难的。

想一想

请同学们回忆本任务中学习了哪些知识？小组内可以交流总结，把总结出的知识点写在下面。

任务二　分析相关背景材料

任务描述

对于网站而言，在建立之初，都需要做好策划工作，而策划根据什么而来，那就是建站目的。对于商业网站来说，都是建立在体现公司的实力和宣传公司的产品上面。那么了解相关的背景资料就尤为重要了。

1.分析行业资料

在制作网站之前，美工们应该认真分析各种从行业得来的资料。

（1）分析企业文化

要想做一个好的网站，首先就要得到客户的认同。而认识企业文化是最快、最直接的方式之一。企业文化包括：企业的物质文化、行为文化、制度文化和精神文化。对于设计制作网站的我们，企业的VI设计可以给我们的设计思路指出一条明路。如企业的标志、宣传册等。

（2）分析企业宣传——广告

企业的广告在目前来说，还是人们接触信息最多的方式之一，不管是电视广告还是主流媒体广告等，它的信息更新得很快，是收集资料的主要途径之一。

（3）分析企业所在的行业背景

每个企业不同，所在行业也不同，分析相关行业的背景，使我们能更进一步深入地了解该企业。

2.行业调查及知识的积累

除了分析行业资料，美工人员还应该对该行业的整体情况有一个初步的了解。当客户提供的资料不全，或表述的意思不明确时，对行业的调查和深入了解能使美工人员帮助客户理清思路，更好地规划网站。

美工人员在设计网站时，除了专业的制作以外，如何使网站发挥其更好的功能，帮助客户起到推广宣传的作用，还需要美工人员花更多的心思。而这种心思需要依靠平时的积累，即对知识的积累，对行业的深入了解。给客户提出更好的设计思路和制作方案，才能赢得更多客户的信任。

想一想

请同学们回忆本任务中学习了哪些知识？小组内可以交流总结，把总结出的知识点写在下面。

任务三　分析目标用户

任务描述

介绍了目标用户群的含义以及我们应从哪些方面对目标用户群进行分析。

1.目标用户群

目标客户群是营销学里的说法。如果你是个服装厂老板，你在对市场调查分析之后，你会发现市场上有不同年龄阶段的人，有的人喜欢前卫，有的人喜欢朴素，这称为市场细分，它是选择目标客户的前提。如果你选择为年轻而前卫的人生产服装，那么这群人就是你的目标客户群。在网站建设过程中，你的网站主要是针对哪一类人群，这类人通过浏览你的网站能够获取信息，并能将这些信息传递出去，起到宣传推广作用的人群就是我们所说的目标用户群。同样地，美工们在设计制作网站之前，除了对行业本身的分析和深入了解之后，对目标用户群的分析也尤为关键。

例如你的网站是电子商务类的网站，你的主要客户基本就是来购物的，那么你的页面是否有利于他们的购买，这些都是需要考虑的，正如本书的惠团网就是利用价格优势来吸引消费者的，那么商品的价格是我们设计网站时，如何凸显价格优势的一个重要思路。

19

2.一般网站中目标用户群的分析

根据网站的特点，应该从目标用户群的角度来考虑问题，而不是从自身的角度。就像任何的广告推销运作一样，我们对用户群了解得越多，企业的网站在线就越可能成功。当设计不同风格的网站时，其制作和设计风格将有极大的不同。更进一步地说，如果打算将来在网站上登广告，目标用户群的统计对广告赞助商是一个很具说服力的证据。

对目标用户群的考虑应包括：年龄范围、兴趣范围；是否精通计算机和技术概念；教育程度、民族背景、性别、职业、语言、婚姻状况、国籍。

我们可以对浏览者进一步细分，为每个假想的对象设置一个名字、身份和背景环境，然后对每种对象的重要度进行比较。在实际设计中，可以帮助我们更好地把握设计对象。

以网上银行为例，如果目标客户是个人，可能需要提供一些个人理财、咨询、消费类的信息；如果目标是公司客户，那么可能需要提供更多的金融咨询、投资顾问之类的信息。即企业网站需要创建一个兴趣圈，以在目标读者中突出其价值。

知识链接

网站的几种典型类型

1. 普及型网站

每个企业都可以根据自身要求确定信息的发布类型和具体内容（如企业基本情况的介绍、通信地址、产品和服务信息、供求信息、人员招聘信息和合作信息等），以达到与客户、供应商、公众和其他一切对该企业感兴趣的人传送信息的目的。

2. 应用型网站

除了发布企业信息以外，企业还可以利用互联网的交互功能与客户交流；利用在线订单系统接受商品订购和定制；利用在线调查引擎调查客户的需求和喜好；利用留言板接纳客户的意见等。

应用型网站的主要功能包括：

①企业信息发布：包括公司简介、部门简介、公司最新动态、公司公告、产品推荐等栏目。

②商品信息发布系统：企业可以通过此系统发布诸如商品性能、价格、评价、图形、功能介绍、使用演示、客户评价等内容。另外可以接受客户发来的在线商品订单，还可根据企业需要，开发出在线支付、在线结算等系统，使企业网站从简单的网上橱窗发展成为网上交易柜台。

3. 电子商务类网站

通过对电子商务应用中的一般特点与功能的抽象和定义，解决面向不同电子商务应用层次的通用性问题，为用户提供功能完善、高效率、低成本的建设电子商务应用网站的整体解决方案。

电子商务应用被划分为：商品检索、商品采购、订单支付、客户服务和系统管理五大模块。

电子商务类网站的主要功能包括：

①支持多种形式的商品发布。

②支持商品的价格和交叉促销方式。

③购物车采用Cookie技术，最大限度的提高商品采购的速度。

④个性化的采购订单模板，方便顾客进行购物组合比较，并实现常规购物的快速选购。

⑤购物车内置的价格计算模型可以根据商家的价格体系灵活定置。

⑥支持多种国内外主流信用卡的在线支付。

⑦完善的客户服务和客户关系管理

⑧与管理软件系列产品进行无缝集成，快速构建大型商务站点。

4. 媒体信息服务网站系统

媒体信息服务网站系统主要服务对象为报刊杂志的读者与广告客户，其功能简介如下：

（1）信息发布系统

通过信息发布，将报社的文章快速、方便地上网。

（2）电子版系统

报社可以根据需要，设定一定数量的网站专栏，构造本刊电子版。

（3）客户在线咨询系统

可将本社各种最新公告及时通报给读者、特约记者和广告客户，读者可以通过此系统向报社编辑部提出自己的建议和意见；广告客户可以通过此系统向广告部提交广告订单；特约记者可以通过此系统实现在线投递稿件。

（4）网站管理系统

网站管理系统使用对象是系统管理员和网站编辑，主要包括用户及权限设置、数据库维护、网页设置、标志与标题设置及网站各栏目内容编辑等功能。

5. 办公事务管理网站系统

办公事务管理网站系统主要包括办公事务管理系统、人力资源管理系统、办公成本管理系统和网站管理系统。其具体功能如下：

（1）办公事务管理系统

办公事务管理系统主要包括公文与文档管理、企业公告、企业大事记、会议纪

21

要、资产与办公用品管理、行政管理规章制度、办公事务讨论组。

（2）人力资源管理系统

人力资源管理系统主要包括员工简历、员工档案、岗位职责、员工通讯录、人事管理规范、人事讨论组等功能。

（3）办公成本管理系统

办公成本管理系统主要包括固定资产管理、人力成本管理、经营成本管理等系统。

（4）网站管理系统

网站管理系统为网站管理人员提供了便捷的网站管理工具，主要包括用户及权限设置、数据库维护、网页设置、标志与标题设置及网站各栏目内容编辑等功能。

6. 商务管理网站系统

商务管理网站系统包括广告商品管理系统、客户管理系统、合同管理系统、营销管理系统及网站管理系统，主要功能如下：

（1）广告商品管理系统

广告商品管理系统包括广告资源管理、计划与系统管理，可为公司市场、销售等经营部门提供及时的信息服务。

（2）客户管理系统

客户管理系统主要包括客户管理、商务代表管理、代理商（大客户）管理等功能，可及时为公司营销管理人员提供最新的客户及相关资料。

（3）营销管理系统

营销管理系统主要包括经营预算与结算管理以及产品销售量、商务代表业绩、客户采购量、销售金额等信息的统计与分类管理功能。

（4）网站管理系统

网站管理系统为网站管理人员提供了便捷的网站管理工具，主要包括用户及权限设置、数据库维护、网页设置、标志与标题设置及网站各栏目内容编辑等功能。

7. 企业信息服务网站系统

企业信息服务网站系统主要服务对象为企业客户。通过企业信息服务网站，客户可以及时了解企业经营范围、最新动态、商品及价格，并可通过网站提供的客户咨询服务与企业相关部门进行在线信息交流。

（1）公司信息发布系统

公司信息发布系统包括公司简介、部门简介、最新动态、公告、产品推荐等栏目。

（2）产品信息发布系统

企业可以通过此系统发布诸如产品介绍、价格、图片、使用演示、评价等内容。此外，企业可以在此基础上定制开发具备产品定购、在线支付、在线结算等功能的应用系统，使本系统从网上橱窗发展成网上交易柜台。

通过此系统，客户可以及时将其需求、意见和建议等信息及时反馈到企业相关部门；企业可以通过此系统，及时将最新的售前与售后咨询服务提供给客户。

（3）网站管理系统

网站管理系统为网站管理人员提供了便捷的网站管理工具，主要包括用户及权限设置、数据库维护、网页设置、标志与标题设置及网站各栏目内容编辑等功能。

想一想

请同学们回忆本任务中学习了哪些知识，小组内可以交流总结，把总结出的知识点写在下面。

任务四 如何达到"设计"的目的

任务描述

设计网站是我们在搭建网站过程中最重要的过程之一。优秀的设计方案是建立在合理的策划与安排之下的。本任务让大家了解哪些可以达到设计的目的。

1.策划书

在网站规划阶段，需要完成的任务就是网站策划书的书写，网站策划书的内容即是网站规划的主要内容，以下是网站规划（网站策划书）的主要内容：

（1）建设网站前的市场分析

①相关行业的市场分析。目前市场的状况的调查分析，市场有什么样的特点和变化，目前是否能够并合适在因特网上开展公司业务。

②市场主要竞争者分析。例如竞争对手上网情况及其网站规划、功能的参考和分析。

③公司自身条件分析。包括公司概况、业务及行业特点，可以利用网站提升哪些竞争力，建设网站的能力（费用、技术、人力等）。

（2）建设网站的目的及功能定位

①为什么要建立网站。开发者需要和企业一起思考建站的目的，是为了宣传产品进

23

行电子商务还是建立行业性网站，是企业的需要还是行业的延伸等。

②整合公司资源，确定网站功能。根据公司的需要和计划，确定网站的功能，如产品宣传型、客户服务型、电子商务型等。

③网站的目标。根据网站的功能，确定网站应该达到的目的和作用。

（3）网站技术解决方案

根据网站的功能来确定网站技术解决方案。

①采用自建服务器、还是租用虚拟主机或者主机托管的方式。

②选择操作系统，用UNIX，Linux还是Windows Server。分析投入的成本、功能开发、稳定性和安全性等。

③采用系统性的解决方案（如IBM、HP等公司提供的企业电子商务解决方案）还是自行开发。

④相关的程序开发。如使用的开发工具Dreamweaver，Flash，Photoshop，C# 以及数据库等。

（4）网站的内容规划

（5）网页设计

①网页美术设计的要求。网页美术设计一般要与企业整体形象保持一致，要符合企业形象规范。要注意网页色彩，图片的应用以及版面的规划，保持网页的整体一致性。

②制订网站更新和改版的计划，如半年到一年的时间里进行较大规模更新或改版。

（6）网站维护

①内容的更新和调整等。

②服务器及相关硬件的维护，对可能出现的问题进行评估，制定相应时间。

③数据库维护，有效利用数据是网站维护的重要内容，因此数据库的维护和备份需要得到高度的重视。

（7）网站测试

网站发布前要进行细致周密的测试，以保证正常的浏览和使用。主要测试内容有：服务器的稳定性、安全性、程序及数据库测试、浏览器兼容测试等。

（8）网站的发布

网站测试后，进行域名的选择与注册，然后通过FTP上传至网络空间进行网站的发布。

（9）网站建设日程表

各项规划任务完成的时间以及负责人等。

（10）费用明细

列出各项事宜所需的费用清单。

以上为网站策划书中应该体现的主要内容，根据不同的需求和建站目的，内容也会增加和减少。在建站之初一定要进行细致的规划，才能达到预期建站的目的。

2.网页内容安排技巧

有了好的设计风格，还需要好的内容。内容是吸引用户的关键，也是网站制作需要传达给用户的最终目的。设计风格要为内容服务，合理的内容安排是网站成功的关键之一。

想一想

请同学们回忆本任务中学习了哪些知识？小组内可以交流总结，把总结出的知识点写在下面。

课后评估

1.在下面的横线上填写适当的答案。

（1）网站题材选择的建议有_____、_____、_____和_____等。

（2）目标用户群的定义：_____。

（3）分析行业资料可以分析：_____。

（4）策划书的内容包括：_____。

2.综合运用所学的模板制作知识，以"我的母校"为主题书写一个网站策划书。

模块三

设计"惠团网"网站页面

模块描述

　　网站页面是指网站用于和用户交流的外观、部件和程序等。如果你经常上网，会发现很多网站设计很朴素，给人一种很舒服的感觉；有些网站很有创意，能给人带来意外的惊喜和视觉的冲击；而相当多的网站页面上充斥着怪异的字体，花哨的色彩和图片，给人以粗劣的感觉。网站界面的设计，既要从外观上进行创意以达到吸引眼球的目的，还要结合图形和版面设计的相关原理，从而使网站设计变成一门独特的艺术。

完成本模块的学习后，你将：

⊕ 了解网页Logo及其规范

⊕ 了解网页导航条的制作

⊕ 掌握编排网页页面的方法

⊕ 能使用切片工具切分网页

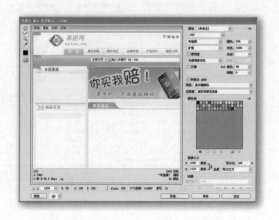

任务一 认识网页的区域划分

任务描述

在网页设计中，网页被划分成为不同的编辑区域，通常首页被划分为三个区域，分别是：顶部区、中间区、底部区，通过本任务我们将学习网页区域划分的知识。

1.认识顶部和底部区

顶部和底部区分别位于网页的顶部和底部（见图3-1惠团网区域的划分），之所以将

图3-1 惠团网区域的划分

它们放在一起是因为都是作用于所有页面的，也就是说，如果修改了顶部和底部区，网站的所有页面顶部和底部区都会随之改变。它们之间唯一不同的是，顶部区一般是放公司标志性的内容，比如企业Logo、公司名称、Banner广告等信息，而底部区一般放的是公司的联系方式、ICP备案等信息。

知识链接

一般模板的顶部区是有高度限制的，通常高度控制在120像素以内，而底部区是没有的；800×600像素的网页模板在顶部区的宽度是778像素，而1 024×768像素的模板宽度则是1 000~1 004像素。

2.认识中间区

中间区是网页的主体部分，主要放一些图文类的介绍内容。但中间区往往根据网站的内容还可以划分为多个区，比如一区、二区、三区等（见图3-2）。

知识链接

一区的编辑是很重要的，很多的网页制作技巧也都会在这里得到体现，在一区的编辑过程中，对页面的排版，图片与整个网页的风格是否协调，表格的套用，都是相当重要的。另外，可以加入一些特效代码，使整个界面更生动。

二区是对一区的扩展，如果一区的内容比较丰富，可以不用调用二区就组成一个完整的页面，这里主要放置一些最新产品或最新的新闻咨询。这里的内容是对产品列表、新闻系统、网上商城等栏目的资料调用，里面没有可编辑的区域，设置起来也比较简单。

三区是一个很特别的区域，它既可以放置产品的图片，一般是比较重要的信息，比如公司的最新活动、新产品、新的优惠措施等，也可以是用户登录等比较小的栏目。

做一做

请同学们去访问一些你比较感兴趣的网站，用键盘自带的截屏工具Print Screen Sys Rq键截取网页，并将它们的区域进行标注。

图3-2 复杂的中间区

想一想

请同学们回忆本任务中学习了哪些知识？小组内可以交流总结，把总结出的知识点写在下面。

任务二 使用Photoshop绘制"惠团网"首页网页模板

任务描述

本任务以"惠团网"网站的首页为例，通过Photoshop来绘制整个首页如图1-6所示，让读者了解常见网站首页的Logo、Banner等元素的绘制方法。

1. 认识Logo

Logo是徽标或者商标的英文说法，起到对徽标拥有公司的识别和推广的作用，通过形象的Logo可以让消费者记住公司主体和品牌文化。网络中的Logo徽标主要是各个网站用来与其他网站链接的图形标志，代表一个网站或网站的一个板块。

知识链接

Logo的国际标准规范是为了便于Internet上信息的传播，一个统一的国际标准是需要的。实际上已经有了这样的一整套标准。其中关于网站的Logo，目前有以下4种规格：

Logo规格	备　注
88×31	互联网上最普遍的Logo规格
120×60	用于一般大小的Logo规格
120×90	用于大型的Logo规格
200×70	这种规格Logo也已经出现

2. 制作Logo

下面以制作"惠团网"网站的Logo为例，介绍如何利用Photoshop制作Logo。

①打开Photoshop软件，新建一个宽为184像素，高为66像素的文件，如图3-3所示。

②新建图层并命名为左图案，选取钢笔工具，绘制一个L形的工作路径，然后选取转换点工具将L形调整为示例中的效果，将前景色设为#024085，进行填充操作，效果如图3-4、图3-5所示。

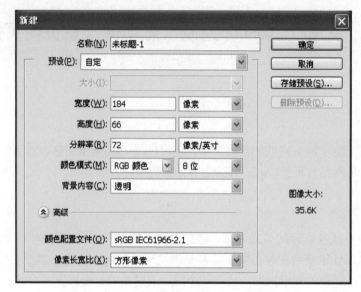

图3-3　新建图像文件

图3-4　钢笔工具和转换点工具绘制选区　　　图3-5　填充绘制的选区　　　　图3-6　填充绘制的选区

③复制左图案并改名为右图案，选择编辑菜单下的变换子菜单中的水平翻转和垂直翻转，将其颜色设为#4c81ce并填充，如图3-6所示。

④在两个图案的中间绘制一个圆形，并填充颜色为#4c81cd，形成如图3-7所示的图案。

⑤在图案右面输入文字"惠团网"，字体为宋体斜体，最终效果如图3-8所示。

图3-7　填充绘制的圆形　　　　　　　图3-8　Logo的最终效果

Logo表现形式的组合方式一般分为特示图案，特示字体，合成字体。

1. 特示图案

特示图案属于表象符号，独特、醒目、图案本身易被区分、记忆，通过隐寓、联想、概括、抽象等绘画表现方法表现被标志体，对其理念的表达概括而形象，但与被标志体关联性不够直接，受众容易记忆图案本身，但对被标志体的关系的认知需要相对较曲折的过程，但一旦建立联系，印象较深刻，对被标志体记忆相对持久。

2. 特示文字

特示文字属于表意符号。在沟通与传播活动中，反复使用的被标志体的名称或是其产品名，用一种文字形态加以统一。含义明确、直接，与被标志体的联系密切，易于被理解、认知，对所表达的理念也具有说明的作用，但因为文字本身的相似性易模糊受众对标志本身的记忆，从而对被标志体的长久记忆发生弱化。

所以特示文字，一般作为特示图案的补充，要求选择的字体应与整体风格一致，应尽可能做出全新的区别性创作。

完整的Logo设计，尤其是有中国特色的Logo设计，在国际化的要求下，一般都应考虑至少有中英文双语的形式，要考虑中英文字的比例，搭配一般要有图案中文、图案英文、图案中英文以及单独的图案、中文、英文的组合形式。有的还要考虑繁体、其他特定语言版本等。另外，还要兼顾标识或文字展开后的应用是否美观，这一点对背景等的制作十分必要，有利于追求符号扩张的效果。

3. 合成文字

合成文字是一种表象表意的综合，指文字与图案结合的设计，兼具文字与图案的属性，但都导致相关属性的影响力相对弱化。为了不同的对象取向，制作偏图案或偏文字的Logo，会在表达时产生较大的差异。如只对印刷字体做简单修饰，或把文字变成一种装饰造型让大家去猜。其综合功能为：

①能够直接将被标志体的印象，透过文字造型让读者理解。

②造型后的文字，较易于使观者留下深刻印象与记忆。

3.认识横幅

横幅（Banner），一个表现商家广告内容的图片，放置在广告商的页面上，是互联网广告中最基本的广告形式，尺寸是480×60像素或233×30像素，一般是使用GIF格式的图像文件，可以使用静态图形，也可用SWF动画图像。除普通GIF格式外，新兴的Rich Media Banner（丰富媒体Banner）能赋予横幅更强的表现力和交互内容，但一般需要用户使用的浏览器插件支持（Plug-in）。Banner 一般翻译为网幅广告、旗帜广告、横幅广告等。

4.制作横幅

以制作"惠团网"网站的横幅为例，介绍如何使用Photoshop制作横幅。

①新建一个图像文件像素大小为564像素×160像素，如图3-9所示。

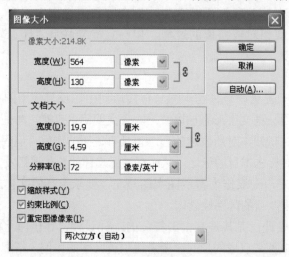

图3-9　新建图像文件

②设置前景色为#4abbff，背景色为#2c66f6，用渐变工具填充，效果如图3-10所示。

图3-10　Banner背景

③打开"素材"\"模块三"\"手机"和"背景"素材图片，并对图片进行自由变换，将手机背景图像的不透明度变为60%，效果如图3-11所示。

④选择文字工具，输入广告文字，并对文字进行描边处理，效果如图3-12所示。

图3-11　手机背景效果图

图3-12　Banner最终效果图

5.制作导航条

导航条是网页设计中不可缺少的部分，它是指通过一定的技术手段，为网站的访问者提供一定的途径，使其可以方便地访问到所需的内容，是人们浏览网站时可以快速从一个页面转到另一个页面的快速通道。利用导航条，可以快速找到想要浏览的页面。下面以制作"惠团网"网站的导航条为例，介绍如何利用Photoshop制作导航条。

①新建一个图像文件尺寸为500像素×30像素的图片文件，如图3-13所示。

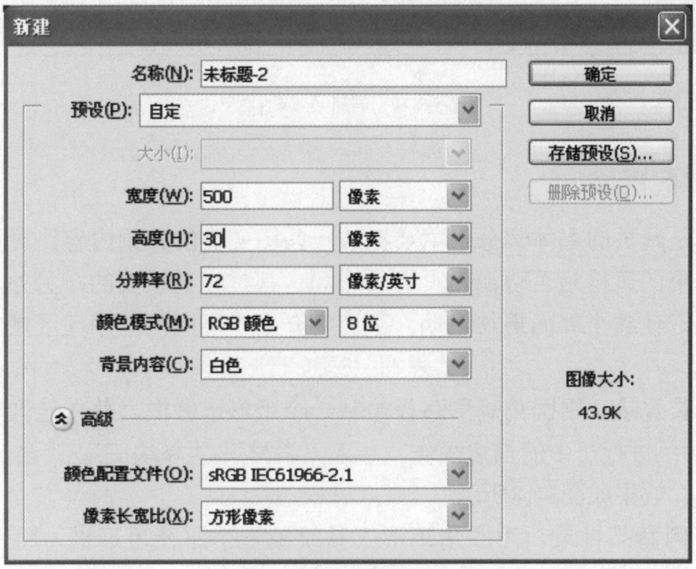

图3-13　新建图像文件

②选择圆角矩形工具，参数设置为路径，半径为5像素，绘制一个圆角矩形，并将路径载入为选区，将前景色设置为#c4dae4，对选区进行居中描边，效果如图3-14所示。

图3-14   圆角矩形工具绘制的效果

③按住Alt+矩形选区工具，将圆角选区缩小，将前景色设置为#e2eff9并填充，将不透明度修改为60%，效果如图3-15所示。

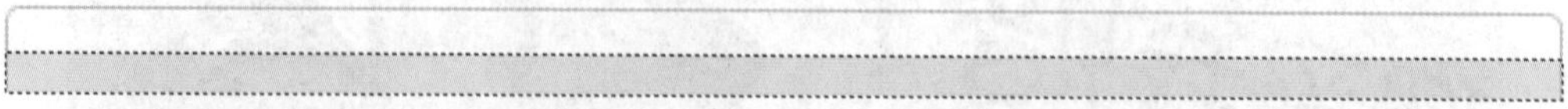

图3-15   缩小选区并填充后效果图

④新建一个图层，将前景色设置为#9bbfce，背景色为#e6edf0，用矩形选区工具绘制一个宽度为2px×29px的矩形，并用渐变进行填充，依次将矩形条进行复制操作，效果如图3-16所示。

图3-16   绘制栏目间隔条效果图

⑤新建一个图层，按照前面介绍的方法，用圆角矩形工具在第一列绘制一个矩形，并填充渐变颜色为#7ad0e5和#3fb1cd，最后输入文字，效果如图3-17所示。

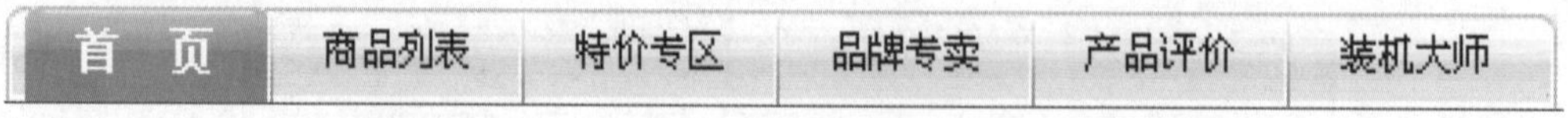

图3-17   导航条效果图

6.制作中间区域

中间区域是网页的主体部分，主要存放一些图文类的介绍内容。对页面的排版，图片与整个网页的风格是否协调，页面的布局，都是相当重要的。另外，也可以加入一些特效代码，使整个界面更加生动。下面将介绍"惠团网"中间区域的制作，操作步骤如下：

①制作会员登录。用圆角矩形路径绘制一个矩形选区框，载入选区后，将前景色设置为#d9d9d9；进行居中的描边操作，导入"素材"\"模块三"\"会员登录.gif"图片，输入文字，效果如图3-18所示。

②制作左侧商品目录。用圆角矩形工具绘制一个路径矩形框，将前景色设置为#d7d7d7并描边，在顶部绘制一个梯形，将前景色设置为#d9d9d9并填充，在梯形的中

心处绘制一条白色的线条，将不透明度设置为60%，导入"素材"\"模块三"\"商品目录.gif"图片，输入文字，效果如图3-19所示。

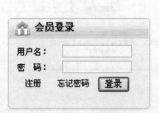

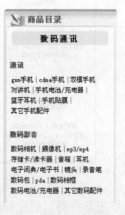

图3-18 产品推荐效果图   图3-19 商品目录效果图

③制作最新商品栏目。用圆角矩形的路径工具绘制一个圆角矩形选区，将前景色设置为#d7d7d7并描边，在圆角矩形的顶部用钢笔工具和转换点工具绘制一个形状，将前景色设置为#ef954d，背景色为#f16d18，并用线性渐变工具填充，输入文字，效果如图3-20所示。

图3-20 最新商品效果图

④再将商品的图片和文字放入矩形框中，调整摆放的位置，效果如图3-21所示。其他栏目的制作参照以上操作步骤。

7. 制作底部区域

底部区一般放置的是公司的联系方式、ICP备案等信息，下面介绍"惠团网"的底部制作，操作步骤如下：

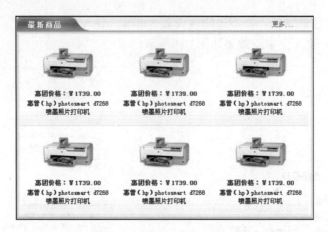

图3-21　最新商品摆放效果图

用矩形选取工具在网页的底部绘制一个矩形框，并用颜色（#737373）描边，选取文字工具输入网站的相关信息，效果如图3-22所示。

友情链接：泡泡网　电脑之家　zol比存储频道　走进中关村　it168数码频道　it世界北京站　中国万网　天极网数码频道　北京家网　硅谷动力数码频道　发掘网　赛迪网产品站　驱动之家　114啦网址导航　新华网科技频道　申请链接

关于我们　|　常见问题　|　联系我们　|　惠团代购　|　积分商品

版权所有 2004-2014 惠团商城 因特网信息服务经营许可证号：渝icp证 080151号

图3-22　网页底部区域效果图

 想一想

请同学们回忆本任务中学习了哪些知识？小组内可以交流总结，把总结出的知识点写在下面。

任务三　使用网页切片工具

任务描述

在Photoshop中设计好网页模板后，需要将模板进行切割，这就需要用到网页切片工具，通过本任务的学习，你将知道到如何使用网页切片工具切割网页模板。

1.网页切片

网页上的图片较大时,浏览器下载整个图片需要花费很长的时间,切片的使用使得将整个图片分为多个不同的小图片分开下载,这样下载的时间就大大地缩短了。在目前互联网带宽还受到条件限制的情况下,运用切片来减少网页下载时间而又不影响图片的效果,可以说是一个两全其美的办法,网页切割前后的效果对比如图3-23所示。

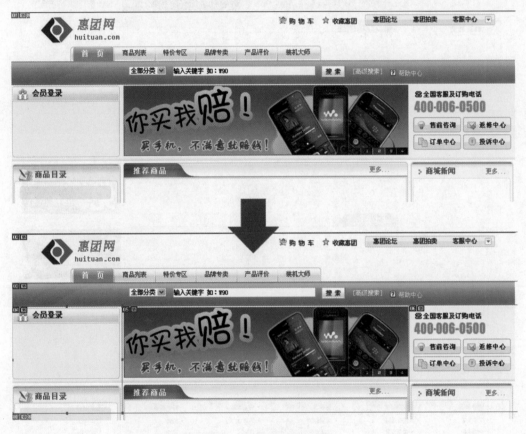

图3-23　网页切割前后对比图

2."惠团网"页面切割

以"惠团网"为例,介绍如何切割网页模板图片,操作步骤如下:

①打开Photoshop软件,打开网页模板,如图1-6所示。

②修改网页模板的内容,如图3-24所示。

图3-24　网页切割模板图

③执行Ctrl+R快捷键，打开标尺，设置如图3-25所示的切割辅助线。

图3-25 网页切割辅助线

④使用切片工具切割网页，效果如图3-26所示。

图3-26 网页切割效果图

⑤执行"文件"→"存储为Web通用格式"，打开"存储为Web所有格式"对话框，参数设置如图3-27所示，点击存储为命令，选择路径并保存。

41

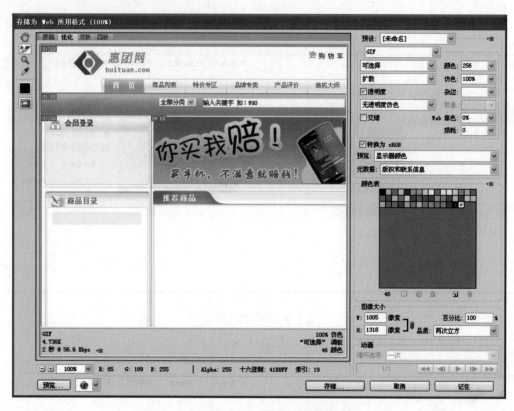

图3-27　存储为Web所用格式参数设置图

想一想

　　请同学们回忆本任务中学习了哪些知识？小组内可以交流总结，把总结出的知识点写在下面。

课后评估

　　1.在下面的横线上填写适当的答案。

　　（1）Logo的规格有_____、_____、_____和_____等4种。

　　（2）切片工具包括_____。

　　（3）导航条的作用是_____。

　　（4）网页中常用的图像类型包括_____。

　　2.请从以下的选项中选择合适的答案。

　　（1）下面有关位图和矢量图的描述中，说法正确的是（　　　）。

　　　　A.位图是用像素来描述图形的

　　　　B.放大矢量图时会影响其质量

C.矢量图的显示与分辨率有关，分辨率越低，图像越不清晰

D.位图的显示与分辨率无关

（2）下面有关图像选取的描述中，说法错误的是（　　　）。

A.选取框工具可以选取图像中的矩形区域

B.套索工具用来选择不规则曲线范围

C.魔术棒工具用来选取图像中颜色相同或者相近的连续区域

D.多边形套索工具用来选择规则的多边形范围

（3）Photoshop图像填充羽化的像素越多表示（　　　）。

A.设置边缘羽化的像素值越小

B.设置边缘羽化的像素值越大

C.与边缘羽化的像素值设置无关

D.笔画越粗

（4）在Photoshop中要将鼠标拖动起始点作为圆心画正圆，这是正确的操作是

（　　　）。

A.在拖动鼠标的同时，按住Shift键

B.在拖动鼠标的同时，按住Alt键

C.在拖动鼠标的同时，按住Shift+Ctrl快捷键

D.在拖动鼠标的同时，按住Shift+Alt快捷键

（5）下列哪些图像类型是支持全彩模式的？（　　　）

A. GIF　　　　　　　B. JPEG　　　　　　　C. PNG　　　　　　　D. BMP

3. 综合运用所学的模板制作知识，以"我的母校"为主题设计一个介绍你母校的网页模板。

模块四

制作"惠团网"网站页面

模块描述

　　DIV+CSS布局，现在已经广泛地应用在网页设计上了。如果布局合理，不仅可以让网页更加美观，还可以让访问者精确地定位到网页的某一功能，这对网页的开发提供了很大的方便，为了让大家更好地了解这种布局的知识，在本模块中，将重点介绍如何用Dreamweaver网页制作软件来进行这种布局方式的知识。

完成本模块的学习后，你将：

- ⊕ 能合理应用各种布局方式
- ⊕ 能使用CSS进行排版
- ⊕ 能掌握各种样式布局的方法
- ⊕ 能掌握构建美观网页的方法

任务一　了解DIV+CSS

任务描述

DIV+CSS是一种网页的布局方法，与传统中通过表格（table）布局定位的方式不同，它可以实现网页页面的内容与表现相分离，通过本任务的学习让大家了解什么是Web设计标准以及它的优缺点。

1.什么是DIV+CSS

在DIV元素是HTML（超文本语言）中的一个元素，是标签，用来为HTML文档内大块（block-level）的内容提供结构和背景的元素。DIV的起始标签和结束标签之间的所有内容都是用来构成这个块的，其中所包含元素的特性由DIV标签的属性来控制，或者是通过使用样式表格式化这个块来进行控制。

CSS是英语Cascading Style Sheets（层叠样式表单）的缩写，它是一种用来表现HTML或XML等文件式样的计算机语言。

DIV+CSS是网站标准（或称"WEB标准"）中常用术语之一，通常为了说明与HTML网页设计语言中的表格（table）定位方式的区别，因为XHTML网站设计标准中，不再使用表格定位技术，而是采用DIV+CSS的方式实现各种定位，如图4-1所示。

HTML语言自HTML 4.01以来，不再发布新版本，原因就在于HTML语言正变得越来越复杂化、专用化。即标记越来越多，甚至各个浏览器生产商也开发出只适合于其特定浏览器的HTML标记，这显然有碍于HTML网页的兼容性。于是W3C组织进而重新从SGML中获取营养，随后，发布了XML。XML是一种比HTML更加严格的标记语言，全称是可扩展标记语言。但是XML过于复杂，且当前的大部分浏览器都不完全支持XML。于是XHTML这种语言就派上了用场，XHTML语言就是一种可以将HTML语言标准化，用XHTML语言重写后的HTML页面，可以应用许多XML应用技术。使得网页更加容易扩展，适合自动数据交换，并且更加规整。

2.DIV+CSS的优势

①符合W3C标准。这保证您的网站不会因为将来网络应用的升级而被淘汰。

②对浏览者和浏览器更具亲和力。由于CSS富含丰富的样式，使页面更加灵活性，它可以根据不同的浏览器，而达到显示效果的统一和不变形。这样就支持浏览器的向

图4-1　网页布局框架图

后兼容，也就是无论未来的浏览器大战胜利的是什么，您的网站都能很好地兼容。

③使页面载入得更快。页面体积变小，浏览速度变快，由于将大部分页面代码写在CSS中，使得页面体积容量变得更小。相对于表格嵌套的方式，DIV+CSS将页面独立成更多的区域，在打开页面的时候，逐层加载。而不像表格嵌套那样将整个页面圈在一个大表格里，使得加载速度很慢。

④保持视觉的一致性。以往表格嵌套的制作方法，会使得页面与页面或者区域与区域之间的显示效果会有偏差。而使用DIV+CSS的制作方法，将所有页面或所有区域统一用CSS文件控制，就避免了不同区域或不同页面体现出的效果偏差。

⑤修改设计时更有效率。由于使用了DIV+CSS制作方法，使内容和结构分离，在修改页面的时候更加容易省时。根据区域内容标记，到CSS里找到相应的ID，使得修改页面的时候更加方便，也不会破坏页面其他部分的布局样式，在团队开发中更容易分工合作而减少相互关联性。

⑥搜索引擎更加友好。相对于传统的table，采用DIV+CSS技术的网页，由于将大部分的HTML代码和内容样式写入了CSS文件中，这就使得网页中的代码更加简洁，正文部分更为突出明显，便于被搜索引擎采集收录。

3.DIV+CSS的缺陷

尽管DIV+CSS具有一定的优势，不过现阶段CSS+DIV网站建设存在的问题也比较明显，主要表现如下：

①对于CSS的高度依赖使得网页设计变得比较复杂。相对于HTML 4.0中的表格布局（table），CSS+DIV尽管不是高不可及，但至少要比表格定位复杂得多，即使对于网站设计高手也很容易出现问题，更不要说初学者了，这在一定程度上影响了XHTML网站设计语言的普及应用。

②CSS文件异常将影响整个网站的正常浏览。CSS网站制作的设计元素通常放在一个或几个外部文件中，这些文件有可能相当复杂，甚至比较庞大，如果CSS文件调用出现异常，那么整个网站将变得惨不忍睹。

③对于CSS网站设计浏览器的兼容性问题比较突出。虽然说DIV+CSS解决了大部分浏览器兼容问题，但是也有在部分浏览器中使用出现异常，CSS+DIV还有待于各个浏览器厂商的进一步支持。

④CSS+DIV对搜索引擎优化与否取决于网页设计的专业水平而不是CSS+DIV本身。CSS+DIV网页设计并不能保证网页对搜索引擎的优化，甚至不能保证一定比HTML网站有更简洁的代码设计。因为对于搜索引擎而言，网站结构、内容、相关网站链接等因素始终是网站优化最重要的指标。

如何更有效、更合理地运用WEB 2.0设计标准？这需要很长时间的学习和锻炼。而如何将DIV+CSS运用得更好？需要通过不断的实践和体检，积累丰富的设计经验，才能

47

很好地掌握这门技术。

4.盒子模型的概念

CSS中的盒子模型用于描述一个为HTML元素形成的矩形盒子。盒子模型是由margin（边界）、border（边框）、padding（空白）和content（内容）几个属性组成的。此外，在盒子模型里，还有宽度和高度两大辅助性元素，盒子模型的示意图如图4-2所示。

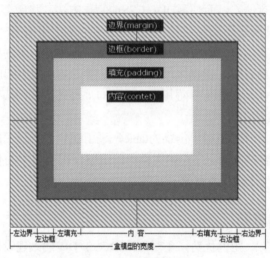

图4-2　盒子模型示意图

> ● Content（内容）：内容在盒子模型里是必不可少的一部分，内容可以是文字、图片等元素。
> ● Padding（空白）：也称内边距、补白，用来设置盒子模型的内容与边框之间的距离。
> ● Border（边框）：即盒子本身，该属性可以设置内容边框线的粗细、颜色和样式等。
> ● Margin（边界）：也称外边距，用来设置内容与内容之间的距离。

（1）Content

从上面图4-2模型中，可以看到中间部分就是content，它主要用来显示内容，这部分也是整个模型的主要部分，其他的padding、margin、border所做的操作都是对

content部分布局所做的修饰，对于内容部分的操作，就是对文本内容或是图片、表格等内容的操作。

（2）Border

从上面图4-2模型中，可以看到content（内容）和padding（空白）、content（内容）和margin（边界）部分，都是由border（边框）组成，它是围绕在内容和边界之间的一条或多条线，在空白和边界之间的部分是边框。它分为上边框、下边框、左边框和右边框，而每个边框又包含3个属性，边框样式、边框颜色和边框宽度。通过CSS的边框属性，可以定义边框的这3种外观效果。

知识链接

- 边框样式（border-style）：可以设置所有边框的样式，也可以单独设置某个边的边框样式。
- 边框颜色（border-color）：可以设置所有边框的颜色，也可以为某个边的边框单独设置颜色。边框颜色的属性值可以是颜色的值，也可以将其设置为透明度的百分比值。Border-color参数的设置与border-style参数的设置方法相同，但是在设置border-color之前必须要先设置border-style，否则所设置的border-color效果将不会显示出来。
- 边框宽度（border-width）：用来设置所有边框的宽度，即边框的粗细程度，也可以单独设置某个边的边框宽度。
- 边框宽度的属性值有4个：medium，默认值，是默认宽度；thin，小于默认宽度；thick，大于默认宽度；length，由浮点数字和单位标识符组成的长度值，不可为负值。Border-width参数的设置与border-style参数的设置方法相同。

在DIV中，除了通过border的属性同时设置所有边框效果外，还可以具体地设置上、下、左、右4个边框效果，语法格式如下：
- 上边框的颜色、样式和宽度：border-top-color; border-top-style; border-top-width。
- 下边框的颜色、样式和宽度：border-bottom-color; border-bottom-style; border-bottom-width。
- 左边框的颜色、样式和宽度：border-left-color; border-left-style; border-left-width。
- 右边框的颜色、样式和宽度：border-right-color; border-right-style; border-right-width。

想一想

请同学们回忆本任务中学习了哪些知识？小组内可以交流总结，把总结出的知识点写在下面。

任务二　惠团网网站DIV+CSS布局

任务描述

通过前面的任务学习，已经掌握了DIV+CSS的基础知识，本任务将介绍如何用DIV+CSS这种技术来布局惠团网首页，如图4-3所示。

1. 案例赏析

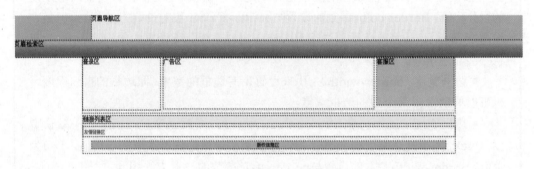

图4-3　惠团网DIV+CSS示意图

2. 建立站点

一个网站，首先需要建立一个站点。因为网站不同于其他文件，比如一个图片，放到哪个盘哪个目录下都可以访问。而网站是许多文件相互关联的，所以专门要一个目录把它们分门别类地存放起来。如果做过视频编辑的用户都知道，需要先建立一个工程，把原始的视频文件、图片素材分类放好，也是这个道理。下面以在F盘建立一个htw文件夹为例，在DreamWeaver（简称DW）里创建一个站点指向这个文件夹，然后在目录下新建images、css等文件夹把各类文件分别存放起来，如图4-4、图4-5所示。

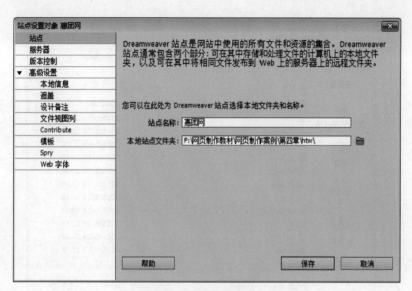

图4-4 创建惠团网站点

图4-5 惠团网目录结构

3.布局首页

①新建一个网页文件,将文件名取名为index.html,网页标题为惠团网,如图4-6所示。

②新建两个样式文件,将文件名分别取名为layout.css和style.css,并与首页进行链接,如图4-7、图4-8所示。

图4-6　新建网页文件

图4-7　创建CSS样式文件

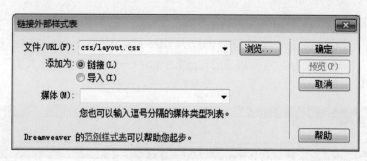

图4-8 链接CSS样式文件

③在网页空白处点击"插入"→"布局对象"→"插入DIV标签",设置参数为在插入点,ID为Box_01,定义样式参数为:背景background-color:#99ccff,方框width:100%,height:110px,margin:0,auto,0,auto,最后选择"页面属性"对话框下的"外观"将上、下、左、右边距全部设为0,效果如图4-9所示。

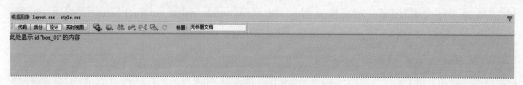

图4-9 标签box_01的最终效果

④将文字"此处显示idbox_01的内容"删除,然后点击"插入"→"布局对象"→"插入DIV标签",设置参数为在插入点,ID为top,定义样式参数为:背景background-color:#ffffcc,方框width:950px,height:66px,margin:0,auto,0,auto,输入文字"页眉导航区"效果如图4-10所示。

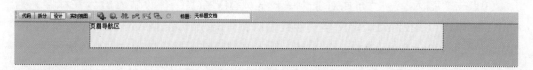

图4-10 标签top的最终效果

⑤点击"插入"→"布局对象"→"插入DIV标签",设置参数为在标签之后<div id="top"> ID为search_bg,定义样式参数为:背景background-image:index_41.gif,background-repeat:repeat-x,方框width:100%,height:44px,clear:both,输入文字"页眉检索区"效果如图4-11所示。

图4-11 标签search_bg的最终效果

⑥将文字"此处显示idbox_02的内容"删除，然后点击"插入"→"布局对象"→"插入DIV标签"，设置参数为在开始标签之后<div id="box_02"> ID为login_01，定义样式参数为：方框width:212px,height:135px,float:left，输入文字"登录区"效果如图4-12所示。

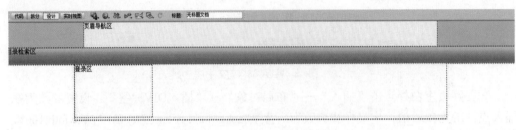

图4-12 标签login_01的最终效果

⑦点击"插入"→"布局对象"→"插入DIV标签"，设置参数为在标签之后<div id="login_01"> ID为ad，定义样式参数为：方框width:564px,height:132px,float:left,margin:0,auto,0,auto输入文字"广告区"效果如图4-13所示。

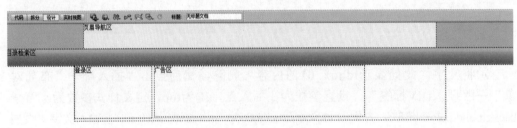

图4-13 标签ad的最终效果

⑧点击"插入"→"布局对象"→"插入DIV标签"，设置参数为在标签之后<div id="ad"> ID为tal，定义样式参数为：背景background-color:#ccccff方框width:205px,height:122px,float:left,margin:top0，输入文字"客服区"效果如图4-14所示。

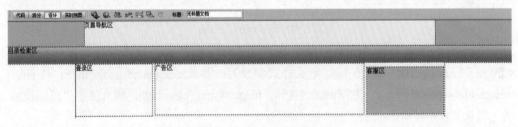

图4-14 标签tal的最终效果

⑨点击"插入"→"布局对象"→"插入DIV标签"，设置参数为在标签之后<div id="box_02"> ID为box_03，定义样式参数为：方框width:1000px，height:auto,clear:both;margin:7,auto,0,auto，输入文字"底部区"效果如图4-15所示。

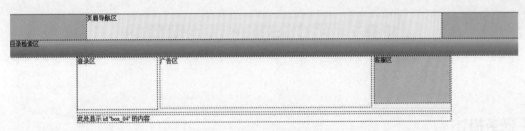

图4-15　标签box_03的最终效果

⑩将文字"此处显示idbox_03的内容"删除，然后单击"插入"→"布局对象"→"插入DIV标签"，设置参数为在插入点<div id="link"> ID为link，定义样式参数为：方框width:994px,height:auto;padding:2,2,2,2;margin:8，输入文字"链接区"，同理在link下面插入ID为copyright的版权所有背景background-color:#99ccff；方框width950px,margin:12,auto,12,auto；效果如图4-16所示。

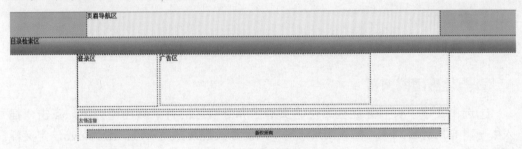

图4-16　底部区域的最终效果

ID与class

HTML中使用ID与class，在CSS中分别对应"#"和"."。如果错了，布局也会乱。比如把ID在css中用"."设置。

想一想

请同学们回忆本任务中学习了哪些知识？小组内可以交流总结，把总结出的知识点写在下面。

任务三　用CSS美化惠团网网站

任务描述

通过前面的任务学习，我们已经掌握了如何用DIV+CSS这种技术来布局惠团网首页，但如何让你的网页更美观呢？这就要用到CSS技术，它可以有效地对页面的布局、字体、颜色、背景和其他效果实现更加精确地控制。只要对相应的代码做一些简单的修改，就可以改变同一页面的不同部分，或者页数不同的网页的外观和格式。本任务就是对搭建好的网页用CSS进行美化，效果如图1-6所示。

1.案例赏析

案例赏析如图1-6所示。

2.美化惠团网网页

①选中文字"页眉导航区"，将页眉区和导航区的背景颜色值去掉，点击"插入"→"布局对象"→"插入DIV标签"，设置参数为在插入点，ID为logo，定义样式参数为：方框height:66px,margin:left 20，如图4-17所示；再点击"插入"→"布局对象"→"插入DIV标签"，设置参数为在插入点，类为logo_img，定义样式参数为：方框width:184px, height:66px, float:left，如图4-18所示，接着在类logo_img标签中插入惠团网的logo图片，效果如图4-19所示。

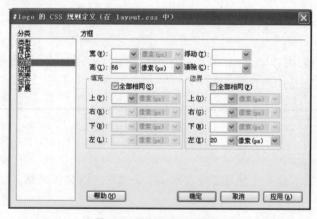

图4-17　网站logo的方框定义

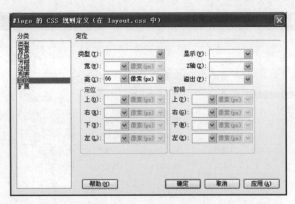

图4-18　网站logo的定位定义

图4-19　网站logo的最终效果

②点击"插入"→"布局对象"→"插入DIV标签"，设置参数为在结束标签之前，<div id=logo>,ID为navigation1，定义样式参数为：方框width:445px，height:39px，float:left，padding:left 300，如图4-20、图4-21所示；再点击"插入"→"布局对象"→"插入DIV标签"，设置参数为在插入点，类为navigation1，定义样式参数为类型：字体宋体，字号12号大小，如图4-22所示；方框width:85px,float: left,margin:top12，如图4-23、图4-24所示；接着在类navigation1标签中插入惠团网的购物车、收藏网站等图片，最后创建id为"navigation1_01"参数设置为背景图片index_07.gif，repeat-x，如图4-25所示；方框width:260px,height:21px,float:left,margin:top8，如图4-26、图4-27所示；id为"navigation1_02"参数设置为背景图片index_06.gif，no-repeat，left，50，如图4-28、图4-29、图4-30所示；方框height:21px；id为"navigation1_03"参数设置为背景图片index_09.gif，no-repeat，right，50，如图4-31所示；方框height:21px，如图4-32、图4-33所示；最终效果如图4-34所示。

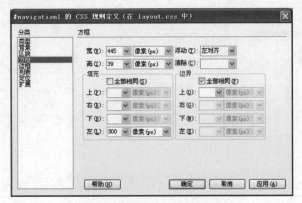

图4-20　网站navigation1方框定义

57

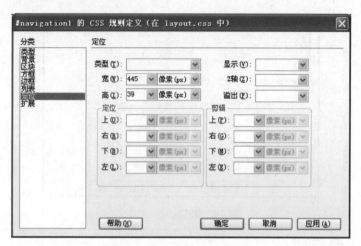

图4-21 网站navigation1定位定义

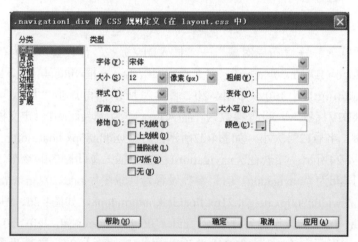

图4-22 网站navigation1_div类型定义

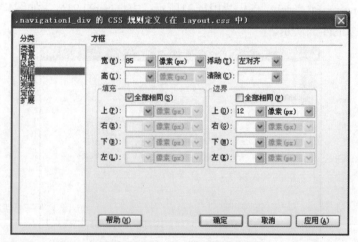

图4-23 网站navigation1_div方框定义

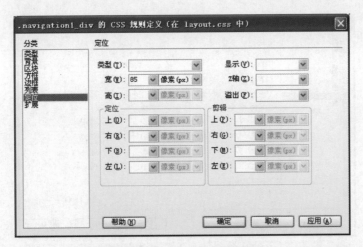

图4-24　网站navigation1_div定位定义

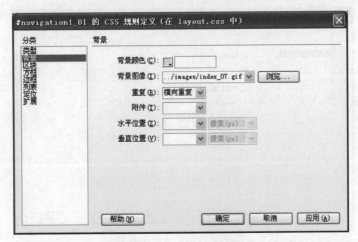

图4-25　#navigation1_01背景定义

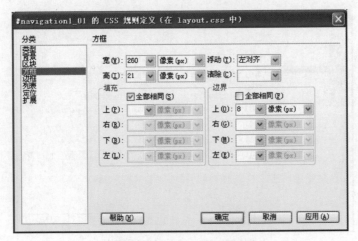

图4-26　#navigation1_01方框定义

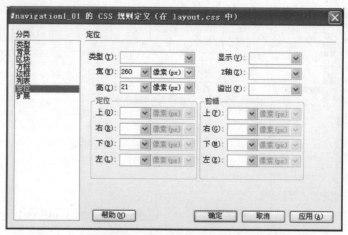

图4-27　#navigation1_01定位定义

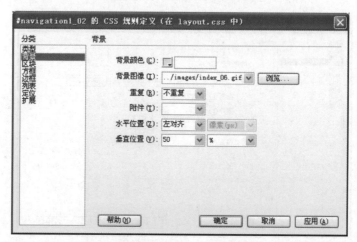

图4-28　#navigation1_02背景定义

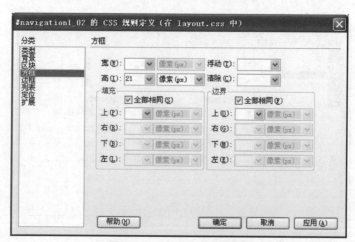

图4-29　#navigation1_02方框定义

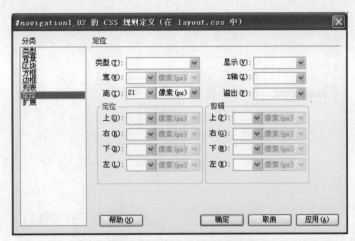

图4-30 #navigation1_02定位定义

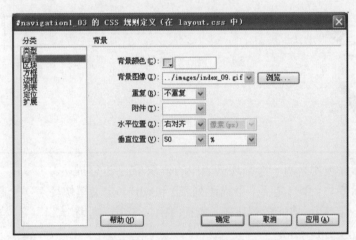

图4-31 #navigation1_03背景定义

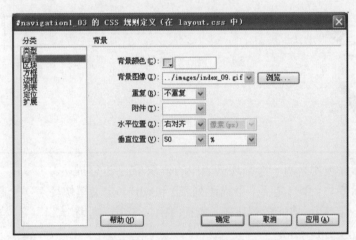

图4-32 #navigation1_03方框定义

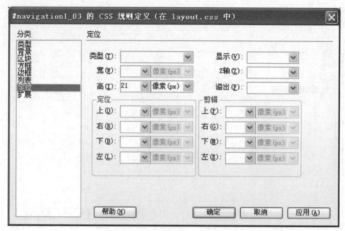

图4-33 #navigation1_03定位定义

图4-34 网站顶部的最终效果

<dd>标签被用来对一个描述列表中的模块/名字进行描述。
<dd>标签与<dl>（定义一个描述列表）和<dt>（定义模块/名字）一起使用。
在<dd>标签内，您能放置段落、换行、图片、链接、列表等。
其格式为<dd></dd>

③单击"插入"→"布局对象"→"插入DIV标签"，设置参数为在结束标签之前，<div id=logo>，ID为navigation2，定义样式参数为：方框width:870px，height:autopx，float: Left；如图4-35、图4-36所示；接下来制作导航条背景分别定义3个id为navigation2_div_01（参数为背景图片index_29.gif，repeat-x，如图4-37所示；方框width:495px，height:27px，float:left，margin:left72px），如图4-38、图4-39所示；navigation2_div_02（参数为背景图片index_28.gif，no-repeat，left，如图4-40所示；方框width:490px，height:27pxpadding:left5px如图4-41、图4-42所示）；navigation2_div_03（参数为背景图片index_32.gif，no-repeat，right如图4-43所示；方框width:484px，height:27px，padding:right6px如图4-44所示）；最终效果如图4-45所示。

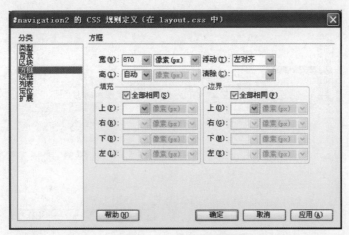

图4-35 #navigaion2方框定义

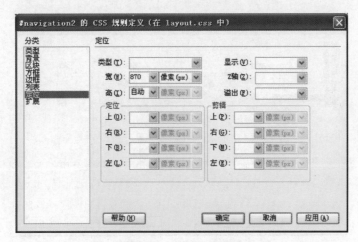

图4-36 #navigaion2定位定义

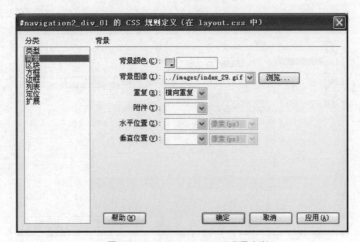

图4-37 #navigaion2_div_01背景定义

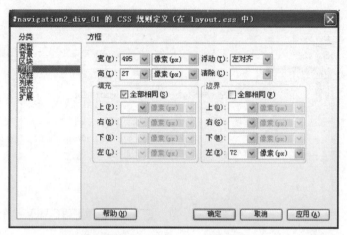

图4-38 #navigaion2_div_01方框定义

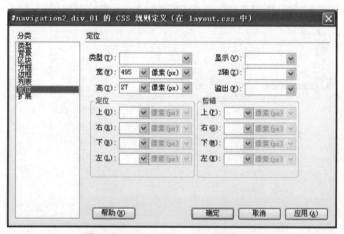

图4-39 #navigaion2_div_01定位定义

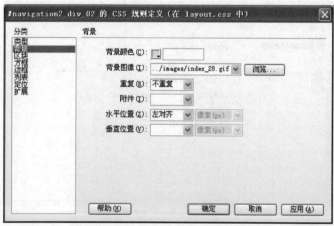

图4-40 #navigaion2_div_02背景定义

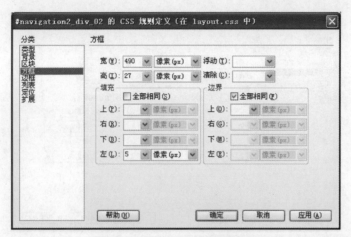

图4-41 #navigaion2_div_02方框定义

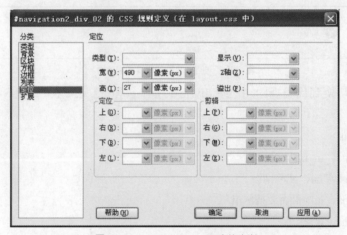

图4-42 #navigaion2_div_02定位定义

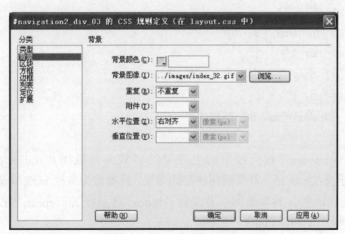

图4-43 #navigaion2_div_03背景定义

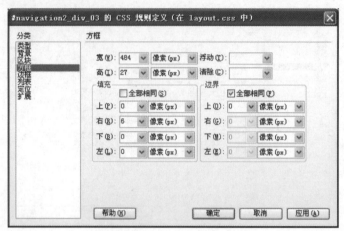

图4-44 #navigaion2_div_03方框定义

图4-45 网站导航条的背景图片效果

④将软件切换到代码视图，找到<div id="navigation2_div_03">插入模块列表代码为：

```
<ul>
<li class="nav_in_up">首　页</li>
    <li class="nav_g"> </li>
<li class="nav_in">商品列表</li>
<li class="nav_g"> </li>
<li class="nav_in">特价专区</li>
<li class="nav_g"> </li>
<li class="nav_in">品牌专卖</li>
    <li class="nav_g">
        <li class="nav_in">产品评价</li>
    <li class="nav_g"> </li>
        <li class="nav_in">装机大师</li>
</ul>
```

定义类nav_in_up（首页按钮向上效果的参数为背景图片index_31.gif，方框width79px；），定义类nav_in（首页按钮的初始效果，其参数为方框width79px）定义类nav_g（栏目之间的间隔条，其参数为：背景图片index_35.gif，no-repeat，50，bottom；方框width:2px，height27px，float:left），如图4-46所示。

图4-46 网站导航条的最终效果（加上文字后的效果）

⑤点击"插入"→"布局对象"→"插入DIV标签"，设置参数为在结束标签之前，<div id=box_01>，ID为search_bg，定义样式参数为：背景图片index_41.gif，repeat-x；如图4-47所示；方框Width:100px，height:44px，clear:both；如图4-48所示；再次点击"插入"→"布局对象"→"插入DIV标签"，设置参数为在结束标签之前，<div id=search_bg>，ID为search_01_search，定义样式参数为：背景图片index_40.gif，no-repeat；方框Width:750px，height:44px，padding:left 200px；Margin: right auto px，left auto px；最终效果如图4-49所示。

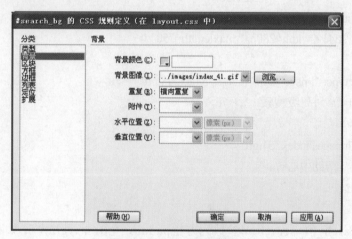

图4-47 #search_bg的背景定义

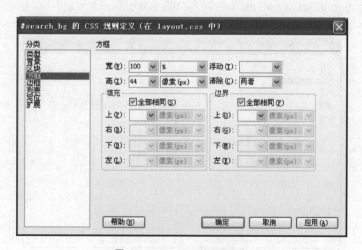

图4-48 #search_bg的方框定义

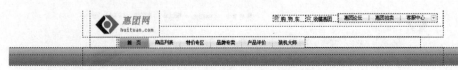

图4-49　网站搜索背景效果

⑥将软件切换到代码视图，找到<div id="search_01_search">插入模块列表代码为：

<ul>

<li>

<select class="height">

<option value="" selected>全部分类</option>

</select>

</li>

<li class="ipt_width"><input name="keyword" type="text" class="height"　value="输入关键字如：W90" style="width: 280px" maxlength="50" />

</li>

<li><input type="image" src="images/index_48.gif" /></li>

<li><a href="#">[高级搜索]</a></li>

<li><span>

<img src="images/index_51.gif" />

<a href="#">帮助中心</a>

</span></li>

</ul>

定义id:search_01_search ul参数为方框padding全0，margin全0，如图4-50所示；id:search_01_Search li参数为类型：字体宋体，字号大小12，行高：22px；方框height34px，float:left；Padding top10px，right7px，left 7px，如图4-51所示；插入文本域，按钮等，最终效果如图4-52所示。

图4-50　#search_01_search背景定义

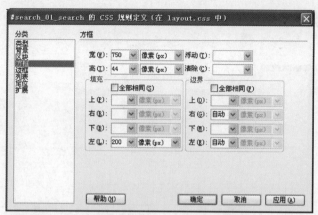

图4-51　#search_01_search方框定义

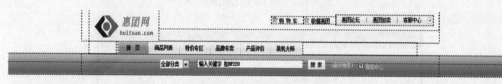

图4-52　网站搜索最终效果

⑦接下来开始制作会员登录界面，插入一个id为login_bg的div标签，定义参数为背景：图像index_63.gif，repeat-y，如图4-53所示；方框：width212px，height130px，float:left，如图4-54所示；然后点击"插入DIV标签"，设置参数为在结束标签之前，<div id=login_bg>，id为login_02，输入会员登录，定义样式参数为：字体宋体，字号14号，行高28px，粗体，如图4-55所示；背景：图像index_58No-repeat，如图4-56所示；方框：width212px，height29px，如图4-57所示；接着点击"插入DIV标签"，设置参数为在标签之后，<div id=login_02>，id为login_03，定义参数为：背景图像index_74.gif，no-reapeat，如图4-58所示，方框width:212px，height103px，float:left，如图4-59所示；最后插入文本域和密码文本域，如图4-60所示。

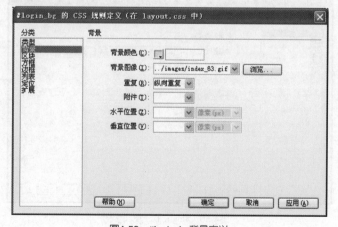

图4-53　#login_bg背景定义

69

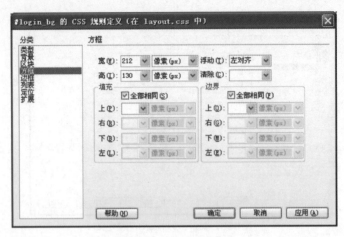

图4-54　#login_bg方框定义

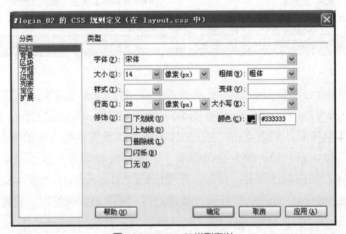

图4-55　#login_02类型定义

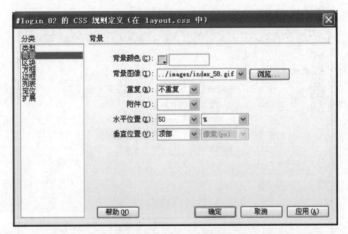

图4-56　#login_02背景定义

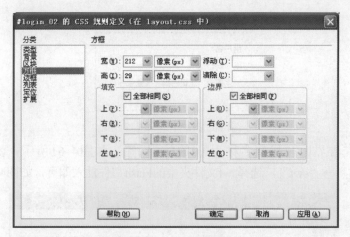

图4-57 #login_02方框定义

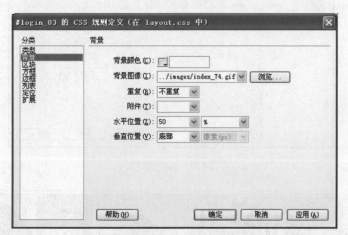

图4-58 #login_03背景定义

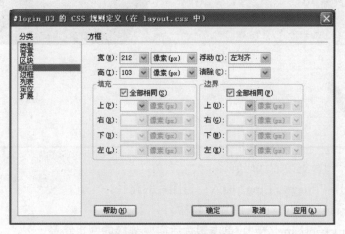

图4-59 #login_03方框定义

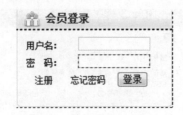

图4-60 网站会员登录最终效果

⑧制作广告界面，找到名称为Ad的Div标签，如图4-61所示，然后点击"插入"→"媒体"→"swf"，选择swf文件夹中的Flash文件插入即可，如图4-62所示。

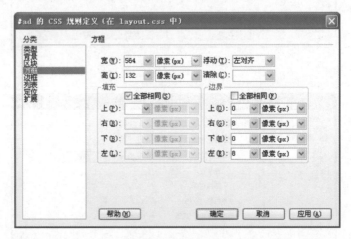

图4-61 #ad方框定义

图4-62 网站Flash广告效果

知识链接

Flash广告标签中的代码解释：

imgUrl1="images/1.jpg";插入广告图片的路径。

imgtext1="创意01"广告图片的名称。

imgLink1=escape("#");单击图片后需要链接的网页路径。

⑨制作文字广告界面，找到名称为tal的div标签，然后定义模块列表#tal ul的参数为方框margin 5，0，0，0，#tal li参数为float left， margin 2，2，2，2，如图4-63所示，最后插入模块代码如下，文字广告效果如图4-64所示。

```
<ul>
<li><img src="images/index_66.gif" alt="售前咨询" border="0" /></a></li>
<li><img src="images/index_68.gif" alt="返修中心" border="0" /></a></li>
<li><img src="images/index_72.gif" alt="订单中心" border="0" /></a></li>
<li><img src="images/index_73.gif" alt="投诉中心" border="0" /></a></li>
</ul>
```

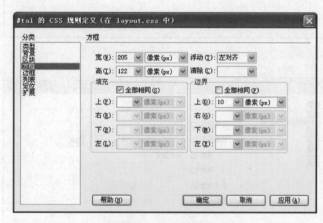

图4-63 #tal方框定义

图4-64 文字广告效果

⑩制作页面主体区域左侧的商品展示区，找到名称为left_box的标签，然后单击"插入DIV标签"设置参数为在结束标签之前，"<div id=left_box>;"如图4-65所示；ID为list_01，定义样式参数为背景图像Index_95.gif,repeat-y，如图4-66所示；方框"width212px,height:auto,float:left; margin top:2,left:2;"如图4-67所示，其次点击"插入"→"布局对象"→"插入DIV标签"，设置参数为在标签之后，<div id=list_01>,ID为list_02，参数为背景图像"index_89.gif,no-repeat;"如图4-68所示，方框"width212px,height35px;"如图4-69所示；接着再点击"插入"→"布局对象"→"插入DIV标签"，设置参数为在标签之后，<div id=list_02>,ID为list_03，参数为背景图像"index_184.gif,no-repeat,50,bottom;"如图4-70所示；方框"width:212px,padding bottom10;"如图4-71所示；定义类sort，参数字体为宋体，字号为14，行高28px，加粗；背景图像index_97.gif, no-repeat；方框width180px,height29px, Margin 5,14,5,14；输入文字"数码通信"并应用样式sort；最后输入文字，效果如图4-72所示。

73

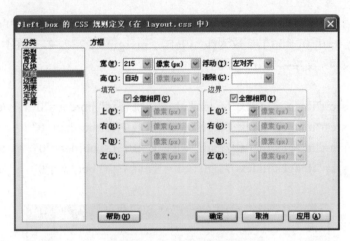

图4-65 #left_box方框定义

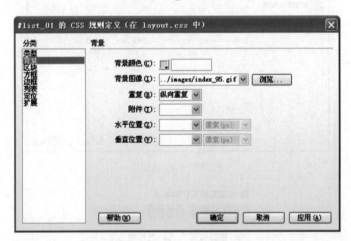

图4-66 #list_01背景定义

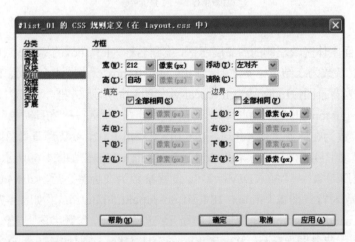

图4-67 #list_01方框定义

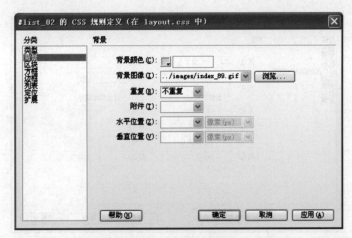

图4-68 #list_02背景定义

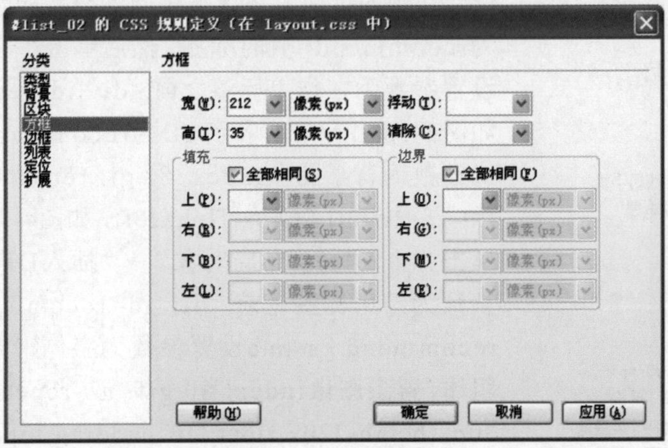

图4-69 #list_02方框定义

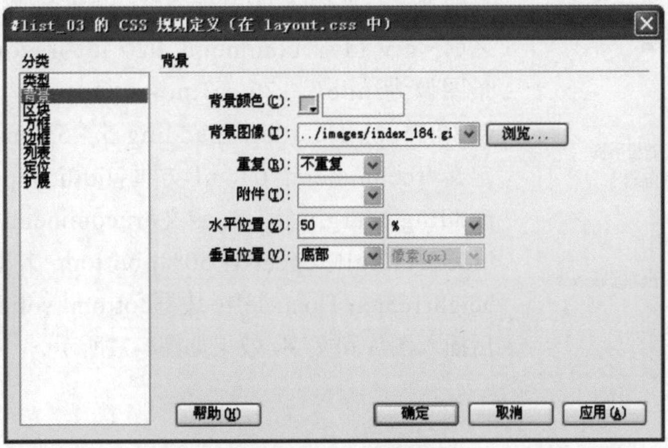

图4-70 #list_03背景定义

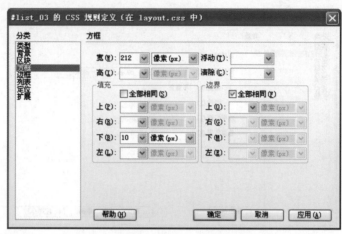

图4-71　#list_03方框定义

⑪制作页面主体区域中间的商品展示区，找到名称为recommend_01的标签，然后单击"插入DIV标签"设置参数为在结束标签之前，<div id=recommend_01>如图4-73、图4-74所示；ID为recommend_02，定义样式参数为背景图像Index_81.gif，repeat-x，如图4-75所示；方框width564px，float:left，如图4-76所示；其次再单击"插入"→"布局对象"→"插入DIV标签"，设置参数为结束标签之前，<div id=recommend_02>，id为recommend_name设置参数为字体宋体，字号为14，粗体，背景图像index_80.gif；no-repeat；方框width130px，height22px，float:left，padding top:8，left20；在标签中输入文字"推荐商品"；接着再单击"插入"→"布局对象"→"插入DIV标签"，设置参数为在结束标签之前，<div id=recommend_02>，id为recommend_03；背景图像为index_126，gif，no-repeat，50%，bottom；方框width556px，float:left；padding 5,4,5,4，margin 0,0,0,0；定义#recommend_03 ul 方框width556px；float: left；padding Margin全为0；定义#recommend_03 li背景图像index_112.gif，repeat-x；50%；bottom；方框width183px，height165px；float: left；边框bottom: solid 1，#ebebeb；最后插入图片和文字，效果如图4-77所示。

图4-72　页面中间左侧区域效果

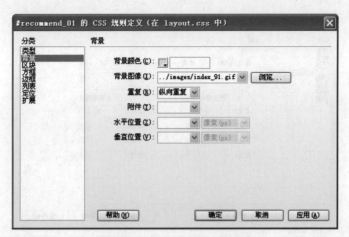

图4-73 #recommend_01背景定义

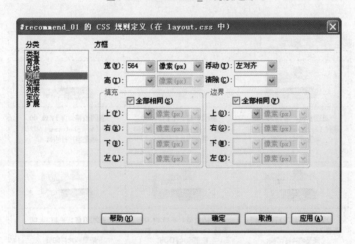

图4-74 #recommend_01方框定义

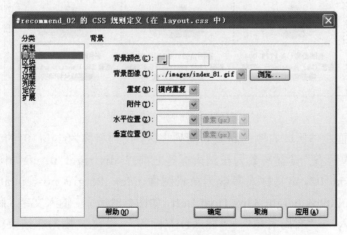

图4-75 #recommend_02背景定义

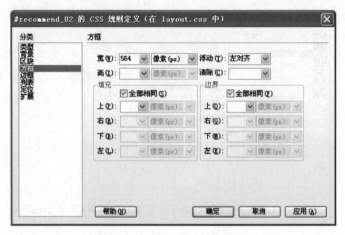

图4-76 #recommend_02方框定义

图4-77 页面中间区域展示效果

⑫制作页面主体区域右侧的商城新闻列表区，找到名称为right_01的div标签，然后单击"插入DIV标签"设置参数为在结束标签之前，"<div right_01>;"如图4-78、图4-79所示；ID为right_02，定义样式参数为背景图像index_86.gif, no-repeat，如图4-80所示；方框width:209px,height:33px,float:Left，如图4-81所示；输入文字"商城新闻"，接着再单击"插入"→"布局对象"→"插入DIV标签"，设置参数为在结束标签之前，<div id=right_01>,id为right_03，定义参数为背景图像index_119,No-repeat,left,bottom，如图

4-82所示；方框width:209px,height:autopx,float:left；padding:bottom7,如图4-83所示；定义模块列表的名称为#right03_ul,其参数设置为width:185px,float:left,margin top:5px,left:4px,padding全为0;继续定义#right03_li,其参数设置为背景index_105,No-repeat,6px,center;区块text-indent:5,方框height:24px,margin left:2px,插入以下模块列表代码,最终效果如图4-84所示。

```
<ul>
    <li><a href="#">【hp】墨动鼓舞,印出精彩! </a></li>
    <li><a href="#">上海新库房已经开张! </a></li>
    <li><a href="#">惠团家电新春特卖"惠"! </a></li>
    <li><a href="#">惠团"豪"礼赠学子! </a></li>
    <li><a href="#">北京团结湖自提点变更通知! </a></li>
</ul>
```

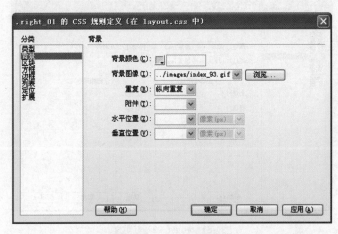

图4-78　#right_01背景定义

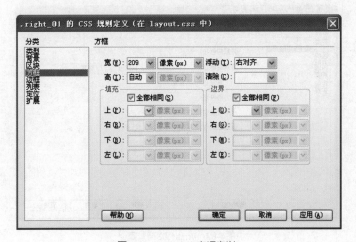

图4-79　#right_01方框定义

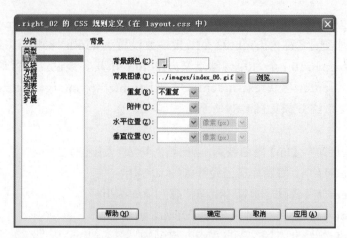

图4-80　#right_02背景定义

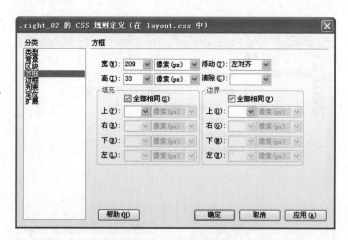

图4-81　#right_02方框定义

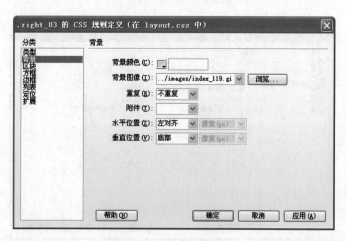

图4-82　#right_03背景定义

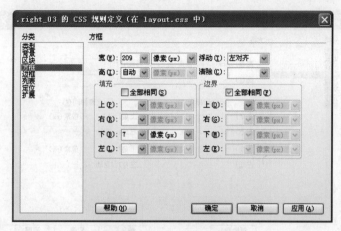

图4-83　#right_03方框定义

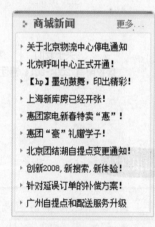

图4-84　页面右侧新闻区域展示效果

⑬制作页面底部版权所有展示区，找到名称为copyright的标签，定义其样式参数为：字体宋体，字号为12px，行高20px，颜色#333333，如图4-85所示；方框width:950px，margin top:12px，Right: auto，bottom:12px，left: auto，如图4-86所示；输入文字"版权所有"，效果如图4-87所示。

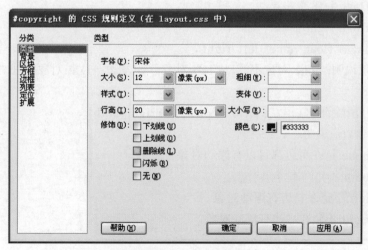

图4-85　#copyright类型定义

81

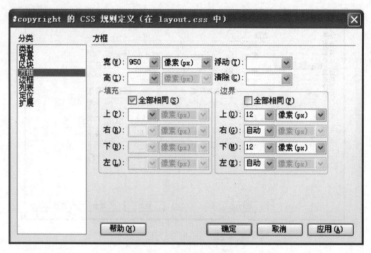

图4-86　#copyright方框定义

关于我们　|　常见问题　|　联系我们　|　惠团代购|积分商品
版权所有 2004-2014 惠团商城 因特网信息服务业务经营许可证号：　渝icp证 080151号

图4-87　页面底部版权所有效果

float（浮动）常跟属性值left, right, none；
　　float: none 不使用浮动。
　　float: left 靠左浮动。
　　float: right 靠右浮动。
float语法: float: none | left |right
参数值说明: none:对象不浮动; left:对象浮在左边; right:对象浮在右边。

clear（清除浮动）语法: clear : none | left|right| both
clear参数值说明:
　　none:允许两边都可以有浮动对象。
　　both:不允许有浮动对象。
　　left:不允许左边有浮动对象。
　　right:不允许右边有浮动对象。

想一想

请同学们回忆本任务中学习了哪些知识，小组内可以交流总结，把总结出的知识点写在下面。

课后评估

1. 在下面的横线上填写适当的答案

（1）Logo的规格有＿＿＿＿＿、＿＿＿＿＿、＿＿＿＿＿和＿＿＿＿＿等4种。

（2）切片工具包括＿＿＿＿＿＿＿＿＿＿＿＿＿＿＿＿＿＿＿＿＿＿＿＿＿＿。

（3）导航条的作用是＿＿＿＿＿＿＿＿＿＿＿＿＿＿＿＿＿＿＿＿＿＿＿＿。

（4）网页中常用的图像类型包括＿＿＿＿＿＿＿＿＿＿＿＿＿＿＿＿＿＿＿。

2. 请从以下的选项中选择合适的答案

（1）下面有关位图和矢量图的描述中，说法正确的是（　　　）。

　　A.位图是用像素来描述图形的

　　B.放大矢量图时会影响其质量

　　C.矢量图的显示与分辨率有关，分辨率越低，图像越不清晰

　　D.位图的显示与分辨率无关

（2）下面有关图像选取的描述中，说法错误的是（　　　）。

　　A.选取框工具可以选取图像中的矩形区域

　　B.套索工具用来选择不规则曲线范围

　　C.魔术棒工具用来选取图像中颜色相同或者相近的连续区域

　　D.多边形套索工具用来选择规则的多边形范围

（3）Photoshop图像填充羽化的像素越多表示（　　　）。

　　A.设置边缘羽化的像素值越小

　　B.设置边缘羽化的像素值越大

　　C.与边缘羽化的像素值设置无关

　　D.笔画越粗

（4）在Photoshop中要将鼠标拖动起始点作为圆心画正圆，正确的操作是（　　　）。

　　A.在拖动鼠标的同时，按住Shift键

　　B.在拖动鼠标的同时，按住Alt键

　　C.在拖动鼠标的同时，按住Shift+Ctrl快捷键

　　D.在拖动鼠标的同时，按住Shift+Alt快捷键

（5）下列哪些图像类型是支持全彩模式的？（　　　）

　　A.GIF　　　　　　B.JPEG　　　　　　C.PNG　　　　　　D.BMP

3. 综合运用所学的模板制作知识，以"我的家乡"为主题设计一个介绍你家乡的网页模板。

模块五
设计个人网站

模块描述

　　网络技术日星月异，发展迅速。如今人们的生活已经离不开网络，如学习、工作、娱乐、交友等。网络改变着我们的每一天。随着网络型生活和交友方式的不断普及，越来越多的人希望在网络上拥有自己的个人主页或网站，来展示个人的个性和特点。

　　随着网络技术的发展，越来越多的人希望在互联网上有一块固定的面向全世界发布消息的地方，人们可以通过个人网站来发布自己想要公开的资讯、或者利用网站来提供相关的网络服务。在本模块中，将重点介绍如何使用Photoshop软件来设计个人网站。

完成本模块的学习后，你将：

- ⊕ 了解个人音乐网站的设计制作
- ⊕ 了解个人博客网的设计制作

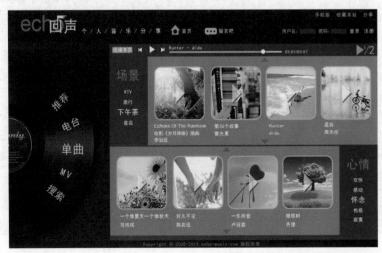

任务一　制作个人音乐网站

任务描述

个人音乐网站在网络型生活和交友方式的需求下应运而生，它能让喜欢音乐的网友一起交流，一起欣赏歌曲。它是一个与共同爱好者的交流平台，也是一个自我兴趣爱好的分享和展示平台。

网站策划

网友“音乐发烧友”是一名爱好音乐的年经人，在策划他的个人博客时我们要以音乐为主题来进行设计，博客内容以分享歌星照片和播放音乐歌曲为主（见图5-1）。

个/人/音/乐/分/享
首页
留言吧
Hunter - dido
场景
KTV
旅行
下午茶
夜店
推荐
电台
单曲
MV
搜索
心情
欢快
感动
怀念
伤感
寂寞
Echoes Of The Rainbow

图5-1　个人音乐网站

1.网站色彩搭配

网站画面以不同明度与纯度的红色搭配少量的绿色、蓝色、黄色，整个画面沉稳而不失生机，营造出一种华丽而惬意的音乐欣赏氛围（见图5-2）。

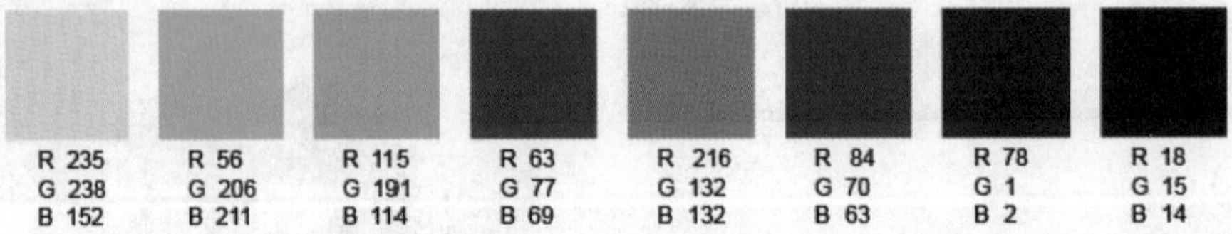

R 235 G 238 B 152
R 56 G 206 B 211
R 115 G 191 B 114
R 63 G 77 B 69
R 216 G 132 B 132
R 84 G 70 B 63
R 78 G 1 B 2
R 18 G 15 B 14

图5-2　网站色彩搭配

2.网站布局

网站首页分为4个部分来设计制作（见图5-3）。

A区 logo标志与快速链接；

B区 分类导航；

C区 分类内容；

D区 底色。

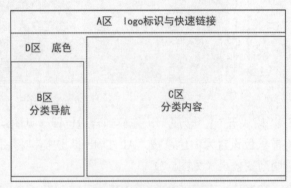

图5-3 网站首页版面布局

3.素材准备

针对设计方向进行素材收集准备（见图5-4）。

图5-4 素材图

🐭 制作步骤

（1）D区底色

在制作A/B/C区之前，先进行底色的设计制作。

①打开Photoshop CS5，新建一个580（高）×960（宽）像素，分辨率为72像素/英寸的文档。

②为了让后续的制作更加方便，预先在图层面板进行图层分组，后续在相应的图层分组中进行设计制作。单击图层面板下方的图标🗂创建新组按钮（见图5-5）。

图5-5　图层面板

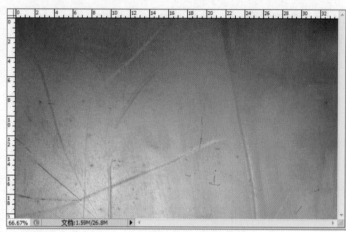

图5-6　"金属"图片

③打开"素材"\"模块五"\"金属"，拖放到合适位置（见图5-6）。

④新建图层，将前景色设置为白色，按"Alt+Delete"快捷键将图层填充为白色，运用图层蒙版制作出透明渐变效果（见图5-7）。

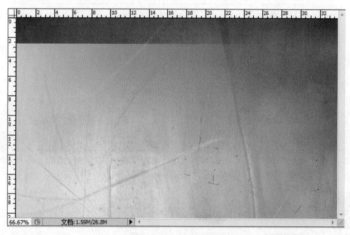

图5-7　图层蒙版渐变效果图

⑤在图层面板中单击"添加亮度/对比度"调整图层，如图5-8所示。图层设置色相为0，饱和度为27，明度为-79，然后单击添加"色相/饱和度"调整图层设置亮度为-90，对比度为100，效果如图5-9所示。

（2）A区 Logo标志与快速链接

①运用文字工具输入"回声"字体为黑色，颜色为#ebee98。运用选区工具和钢笔工具对文字进行修改变形，绘制出网站Logo（见图5-10）。

图5-8 亮度对比度设置图

图5-9 色相饱和度效果图

②运用文字工具输入"echo"单词，颜色为#fcffd8，字体大小为55，调整图层透明度为30%，制作出Logo下面的底纹效果，如图5-11所示。

图5-10 网站Logo效果图

图5-11 文字效果图

③输入文字"个人音乐分享"，选择颜色为白色，字体为黑体，字体大小为14。网站Logo标志区域部分完成（见图5-12）。

图5-12 Logo标志区域效果图

④首页按钮：运用工具栏圆角矩形工具绘制出房子小标志，颜色为#73bf72。输入文字"首页"，文字大小为12，颜色为#e0e78e，如图5-13所示。

⑤留言吧按钮：在工具栏自定义形状工具中选择对话框图形，绘制出对话框小标志，颜色为#73bf72。输入文字"留言吧"，文字大小为12，颜色为#e0e78e（见图5-14）。

图5-13 首页按钮

图5-14 留言吧按钮

⑥登录框：设置前景色为白色，运用矩形工具绘制登录输入框，调整图层透明度为20%。输入文字"用户名："""密码："，颜色为白色，字体为黑体，文字大小为12；

输入文字"登录""注册"颜色白色，字体为黑体，文字大小为12（见图5-15）。

图5-15 登录框

⑦输入文字"手机版""收藏本站""分享"，颜色为白色，字体为黑体，文字大小为12。调整各元素和文字位置，A区Logo标志与快速链接内容完成，如图5-16所示。

图5-16 A区最终效果图

（3）B区分类导航

①打开"素材"\"模块五"\"黑胶唱片"，删除底色部分，移动到画面左边位置。利用图层样式为唱片加上阴影效果（见图5-17）。

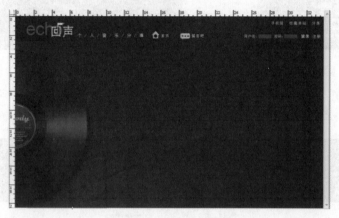

图5-17 导航条背景图

②输入文字"推荐""电台""单曲""MV""搜索"。颜色为#ebee98，字体为黑体，文字大小"单曲"为30，其他字体大小为24，如图5-18所示。

③设定前景色为#520102。运用工具栏多边形工具，设定属性"边"为3，绘制三角形标志。运用图层样式为三角形标志加上阴影效果（见图5-19）。

知识链接

分类导航设计为被选中模块字体会放大，文件中设定"单曲"模块为当前选中模块，所以文字比其他模块文字大。

图5-18　导航条文字图

图5-19　三角形标识图

④调整区域中各元素到合适位置，B区分类导航制作完成（见图5-20）。

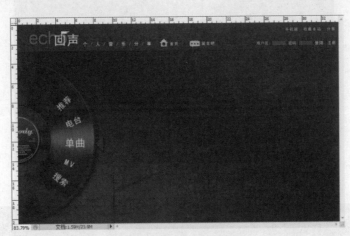

图5-20　B区最终效果图

（4）C区分类内容

为了方便制作，将分类内容分为播放器、翻页、单曲分类一、单曲分类二，4个板块板块（见图5-21）。

①设置前景色为#8ac5af，运用工具栏矩形工具绘制矩形色块作为C区的底色，设置图层透明度为30%（见图5-22）。

②制作播放器：运用矩形工具、圆角矩形工具、多边形工具绘制出播放器各个按钮键和播放进度条，结合文字工具制作出播放器（见图5-23）。文字颜色为白色，歌名显示文字为12号，时间显示文字为10号。

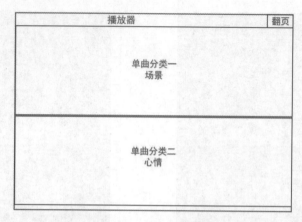

图5-21　C区分类内容图

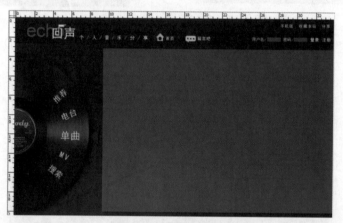

图5-22　C区透明背景图

图5-23　播放器文字效果

③制作翻页按钮：设置前景色为白色，运用多边形工具和文字工具制作翻页按钮。调整图层透明度为60%（见图5-24）。

图5-24　翻页按钮图

④制作单曲分类一。

a.设置前景色为#d88484，运用矩形工具绘制矩形色块作为底色（见图5-25）。

b.在单曲分类左侧，运用文字工具输入文字"场景"，颜色为#d88484，字体为黑体，字号为30，接着输入文字"KTV""旅行""夜店"。颜色为白色，字体为黑体，字号为12，最后输入文字"下午茶"。颜色为白色，字体为黑体，字号为18（见图5-26）。

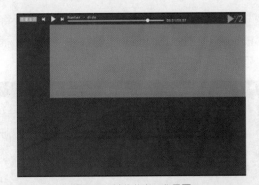

图5-25 单曲分类—背景图

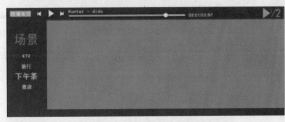

图5-26 单曲分类文字效果

c.新建图层,运用工具栏圆角矩形工具,绘制出圆角正方形图案。点击图层样式,选中"描边"选项,为正方形加上边框(见图5-27),边框的图层样式参数设置如图5-28所示。

图5-27 绘制圆角正方形图案

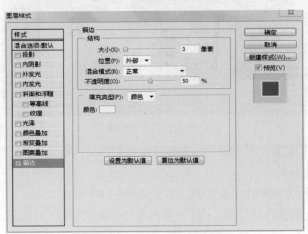

图5-28 图层样式描边设置图

93

d.打开"素材"\"模块五"\"单曲封面1",运用剪切蒙版将图片放入正方形中。输入单曲信息文字:"Echoes Of The Rainbow 电影《岁月神偷》插曲李治廷"。颜色为白色,字体为黑体,字号为12,如图5-29所示。

图5-29　单曲封面效果图

e.运用多边形工具绘制三角形图案作为播放按钮,并运用图层样式为按钮加上阴影效果,图层设置透明度为70%,如图5-30所示。

f.运用上述方法添加其他单曲效果如图5-31所示。

图5-30　单曲封面播放按钮图　　　　　　　　　　图5-31　单曲封面图

g.为板块添加三角形上下翻动按钮,选择"工具栏"→"多边形"工具(设置边数为3),颜色为#317a5f,效果如图5-32所示。

图5-32　三角形上下翻按钮图

h.调整各元素的位置,单曲分类一制作完毕,如图5-33所示。

(5)制作单曲分类二

运用分类一相同方法制作单曲分类二效果如图5-34所示。

(6)调整各元素到合适位置,C区分类内容制作完成如图5-35所示。

图5-33 单曲分类一最终效果图

图5-34 单曲分类二最终效果图

图5-35 C区分类内容最终效果图

知识链接

　　预先在图层面板中进行图层分组是非常有用的一个小技巧，做好图层分组，将相应的内容放入相应的图层分组不仅方便制作，更方便修改，是提高工作效率的有效方法。

做一做

　　请同学们结合自己喜欢的音乐类型尝试设计一个属于自己的个人音乐网站。

想一想

　　同学们在本次任务中我们收获了哪些知识呢？请小组内交流总结后，把总结出的知识点写到下面。

任务二　制作个人博客

任务描述

　　博客，是一种简单的个人信息发布方式。它充分利用网络的互动便捷、更新即时的特点。个人博客是一个开放的平台，在这里你可以展示个人兴趣爱好、记录点滴生活，等等；更可以文会友，以图会友，结识志同道合的朋友，进行深度交流沟通。通过本任务的学习你将学会制作个人博客。

网站策划

　　网友"旅行者"是一名爱好旅游的年轻人，在策划他的个人博客时以旅行为主题来进行设计，博客内容以分享旅行照片和旅行日志为主，如图5-36所示。

1.网站色彩搭配

　　旅行是一件轻松而愉悦的事情，所以在设计的时候以蓝色为主色调，给人以凉爽、轻松的感受，搭配少量暖色调，运用冷暖对比来增加整个画面的活力，如图5-37所示。

图5-36 个人博客最终效果图

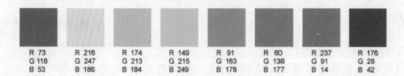

R 73	R 216	R 174	R 149	R 91	R 60	R 237	R 176
G 118	G 247	G 213	G 215	G 163	G 138	G 91	G 28
B 53	B 186	B 184	B 249	B 178	B 177	B 14	B 42

图5-37 网站色彩搭配图

2.网站布局

网站首页分为4个部分来设计制作，如图5-38所示。

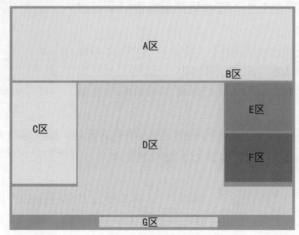

图5-38 网站布局图

A区抬头与标题；B区分类导航；C区个人介绍；D区最新照片展示区；E区最新留言展示区；F区最新日志展示区；G区站点信息统计与版权信息；H区底纹。

3.素材准备

针对设计方向进行素材收集准备，如图5-39所示。

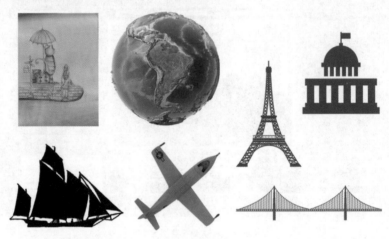

图5-39 素材图

制作步骤

（1）A区抬头与标题/H区底纹

由于A区抬头与整个页面设计融为一体，所以在设计时要考虑整个博客整体效果来设计。

①打开Photoshop，新建一个900（高）×763（宽）像素，分辨率为72像素/英寸的文档。

②为了让后续的制作更加方便，预先在图层面板进行图层分组。点击图层面板下方新建图层组按钮□创建新组，如图5-40所示。

③在底纹图层组内新建图层"底色1"，填充为蓝色，颜色参数为（R105、G177、B194）。运用工具栏加深工具，将图层"底色1"中左上角和右下角颜色加深（见图5-41）。

图5-40 图层组图

④在图层面板底纹分组内新建图层底色2，填充为黄色，颜色参数为（R254、G255、B174）。添加图层蒙版，将其涂抹为不规则渐变效果，调整图层不透明度为50%（见图5-42、图5-43）。

⑤打开"素材"\"模块五"\"旅行"，将其放入"A区banner"图层组。运用组合键Ctrl+Shift+U将图片去色，运用Ctrl+L快捷键调整图片色阶，增强图片黑白对比度（见

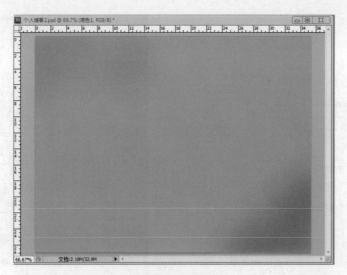

图5-41 底色背景图

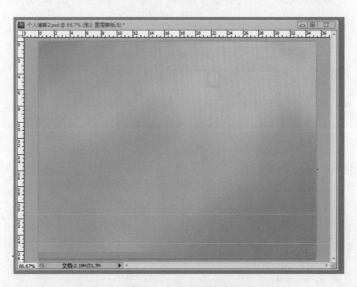

图5-42 底色2背景效果

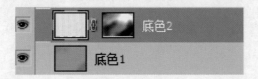

图5-43 图层蒙版图

图5-44）。调整图层混合模式为正片叠底，并运用图层蒙版修正图片边缘不需要的地方（见图5-45，图5-46）。修正完毕后将图片放置于整个画面左上角（见图5-47）。

99

图5-44　调整图片色阶

图5-45　修正图片边缘

图5-46　图层蒙版图

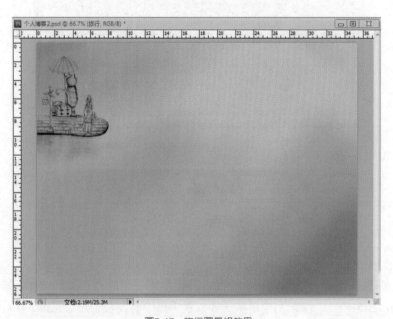

图5-47　旅行图最终效果

⑥打开"素材"\"模块五"\"地球",将其放入"A区banner"图层组。运用工具栏魔术棒工具去除图片白色底色,如图5-48所示。运用"菜单栏"→"滤镜"→"艺术效果"→"粗糙蜡笔"给图片添加手绘效果,如图5-49、图5-50所示。将"地球"元素放置画面右上角,并运用图层蒙版处理出虚实效果,如图5-51、图5-52所示。

图5-48 去地球背景图

图5-49 粗糙蜡笔参数设置图

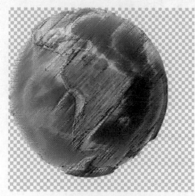

图5-50 地球处理效果图

图5-51 图层蒙版图

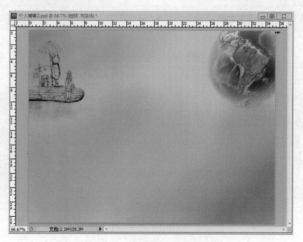

图5-52 "地球"最终放置效果图

⑦运用钢笔工具勾画弧形路径（见图5-53），设置前景色为白色，运用设置好的画笔对路径进行描边（见图5-54—图5-56）。

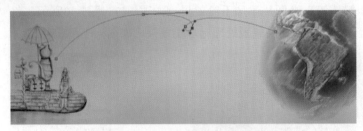

图5-53　绘制钢笔路径

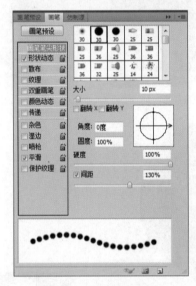

图5-54　设置画笔笔头参数

图5-55　设置图层模式

图5-56　钢笔工具最终绘制效果图

⑧打开"素材"\"模块五"\"飞机",将其放入"A区"图层组。运用Ctrl+T快捷键自由变换将其调整到合适大小,并放置于地球元素左上方。运用图层样式为飞机添加阴影效果(见图5-57、图5-58)。

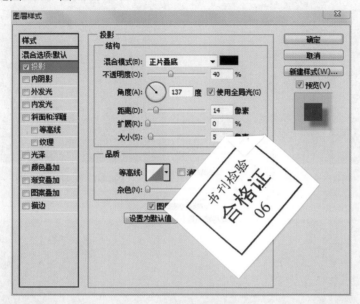

图5-57 投影图层样式参数图

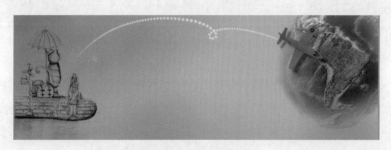

图5-58 飞机最终效果图

⑨打开"素材"\"模块五"\"建筑1",将其放入"A区"图层组。将图片内容载入选区,并将选区生成为工作路径(见图5-59)。设置前景色为白色,对路径进行描边,将"建筑1"处理成线描效果(见图5-60)。

⑩打开"素材"\"模块五"\"建筑2""建筑3",将其放入"A区"图层组。运用步骤9同样的方法将图片处理成线描效果,调整图片大小,放置到合适位置(见图5-61)。

⑪运用钢笔工具勾画波浪形状纹样,并将其置于网页下方。浅蓝为#94d7f9,深蓝为#3c89b1(见图5-62)。

⑫添加博客标题文字,A区内容完成(见图5-63)。

图5-59 将铁塔选区转换为工作路径

图5-60 铁塔描边效果图

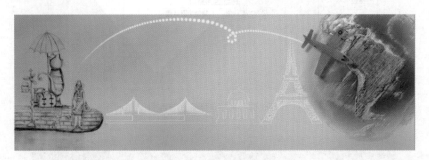

图5-61 建筑背景图

图5-62 波浪形状图

（2）B区分类导航

B区由导航、登录框、搜索栏三个板块组成。

①在图层组"B区"目录下新建图层组"导航"。设置前景色为#b41d28，运用距形工具绘制一个矩形，通过路径选区工具将矩形一侧调整为倾斜。运用图层样式为矩形添加阴影效果（见图5-64）。在矩形上添加文字"首页"（见图5-65）。

图5-63　A区最终效果图

图5-64　绘制倾斜的短形

图5-65　添加文字效果

　　②运用步骤1的方法，分别制作"我的日志""我的相册""我的留言"导航按键，并调整到合适位置，如图5-66所示。

图5-66　导航条效果

　　③在图层组"B区"目录下新建图层组"登录框"。运用矩形工具结合步骤1的方法绘制出登录框，并调整大小到合适位置（见图5-67、图5-68）。

图5-67　用户登录效果

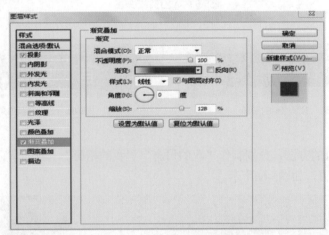

图5-68　用户登录最终效果

　　④在图层组"B区"目录下新建图层组"搜索栏"。运用多变形工具（设置边数为3）绘制出三角形按钮基本形，添加"图层样式"→"阴影效果"，添加"图层模式"→"渐变叠加"（见图5-69、图5-70），添加文字"GO"（见图5-71）。

图5-69　三角形图层样式参数设置图

图5-70　三角形按钮图层样式效果图

图5-71　添加文字效果

⑤设置前景色为白色，运用矩形工具绘制输入条，添加"图层样式"→"描边"，描边颜色为#173450，大小为1像素。添加文字"日志搜索"，调整大小完成搜索栏制作（见图5-72）。将搜索栏置于网页相应位置（见图5-73）。

图5-72　日志搜索效果图

图5-73　日志搜索摆放位置图

（3）C区个人介绍

C区自我介绍板块，设置制作的主要内容为底纹帆船。

打开"素材"\"模块五"\"帆船"，将其放入"C区"图层组。运用"A区"建筑相同的方法，将帆船处理为线描效果，颜色为#3c5c7f。加上文字内容，调整大小并置于网页相应位置（见图5-74、图5-75）。

图5-74　添加文字效果

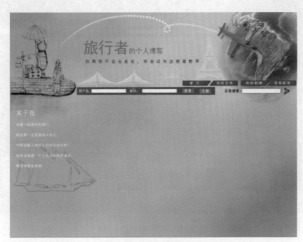

图5-75　文字摆放位置

（4）D区最新照片展示区

D区照片展示区，分为上下两个部分，下部分为小图预览，上部分为大图展示。

①选择在图层组"D区"内进行制作。设置前景设为白色，运用矩形工具制作照片框。选择"工具栏"→"自定义形状工具"，在"属性栏"→"形状中直接选取"箭头"图形作为小图预览区域的左右选择键，设置图层不透明度为50%（见图5-76、图5-77）。

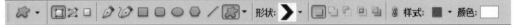

图5-76　自定义形状工具设置图

图5-77　绘制箭头

②调整相片框大小组合，置于网页相应位置（见图5-78）。

图5-78　相片框摆放位置

（5）D/E/F区设计

D区"最新留言"，F区"最新日志"，G区"站点信息统计与版权信息"这3个板块在设计上相对简约。

①用钢笔工具勾出"最新留言"主题上方折线，设置前景色为白色，将勾好的路径进行描边路径操作（见图5-79、图5-80）。

图5-79　钢笔工具勾绘的路径

图5-80　对路径描边为白色

②运用文字工具添加文字，调整大小置于网页相应位置（见图5-81）。

图5-81　添加文字

③设置前景色为白色，运用矩形工具绘画长方形条，设置图层不透明度为45%，添加站点统计相关文字和版权信息文字（见图5-82）。

图5-82　制作版权信息

在"旅行者"的个人博客设计制作中,我们重复运用了很多次的描边路径命令。不难发现通过画笔工具设置不同的属性,描边路径可以出现格式各样的效果。

 做一做

请同学们为自己设计一个专属的个人博客网。

 想一想

同学们在本次任务中收获了哪些知识呢? 请小组内交流总结后, 把总结出的知识点写在下面。

模块六

设计商业网站

WWW

模块描述

　　商业网站随着互联网一并掘起，并已经蓬勃发展成一种新的商业模式。它运用广泛，发展迅速，已经是当今社会不可缺乏的一种营销和宣传手段。一个完整的商业网站要考虑网站的定位，以确定其功能和规模，提出基本要求，里面要考虑的包括：网站的风格、域名、Logo、空间大小、广告位、页面数量等内容。在本模块中，将重点介绍如何使用Photoshop软件来设计各种类型的商业网站。

完成本模块的学习后，你将：

⊕ 了解房地产类网站的设计与制作

⊕ 了解产品类网站的设计与制作

⊕ 了解门户网站的设计与制作

⊕ 了解娱乐类网站的设计与制作

任务一　制作房产类网站

任务描述

　　随着人们生活水平的逐步提高和思想观念的转变，周末出行度假这种休闲方式已经成为很多人和家庭的选择，人们喜欢在周末约上亲朋好友一起到风景优美的地方游玩娱乐，来释放平日积累的工作压力，旅游房地产业应运而生。

网站策划

图6-1　房产类网站效果图

1.网站色彩搭配

　　"大理别院"地产项目位于美丽的云南大理古城，主打为度假型房产。为了配合苍山洱海的清澈，体现蓝天白云的悠闲，主色调运用各种不同的蓝色系搭配白色来体现度假的一种悠闲氛围，给人以心旷神怡的视觉感受（见图6-2）。

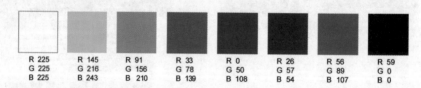

R 225	R 145	R 91	R 33	R 0	R 26	R 56	R 59
G 225	G 216	G 156	G 78	G 50	G 57	G 89	G 0
B 225	B 243	B 210	B 139	B 108	B 54	B 107	B 0

图6-2　网站色彩搭配

2.网站布局

网站首页分为4个部分来设计制作（见图6-3）。

A区 Logo信息；

B区 分类导航；

C区 详细内容；

D区 底色。

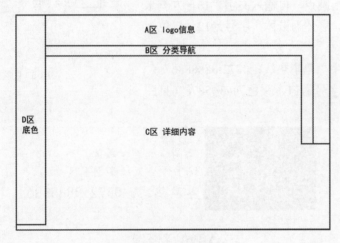

图6-3 网站布局

3.素材准备

针对设计方向进行素材收集准备（见图6-4）。

图6-4 素材图

制作步骤

（1）制作D区底色

①打开Photoshop，新建一个600（高）×960（宽）像素，分辨率为72像素/英寸的文档，填充背景色为#ffffe0。

②为了让后续的制作更加方便，预先在图层面板进行图层分组，后续在相对应的图层分组中进行设计制作。单击图层面板下方新建图层组按钮 创建新组（见图6-5）。

113

（2）制作A区Logo信息

①运用工具栏矩形工具绘制出颜色为#214e8b的蓝色矩形。打开"素材"\"模块六"\"任务一"\"Logo"，将其色彩调整为白色，置于蓝色矩形图层上方。

②输入文字"云南大理洱海"，在每个词语的空格处加上圆点，再输入文字"16平方千米独享别墅区"。字体为楷体、字号为12、颜色为#34587e。

③输入文字"尊享热线：0872-8888886"。字体为楷体、字号为14、颜色为#34587e（见图6-6）。

图6-5　图层分组

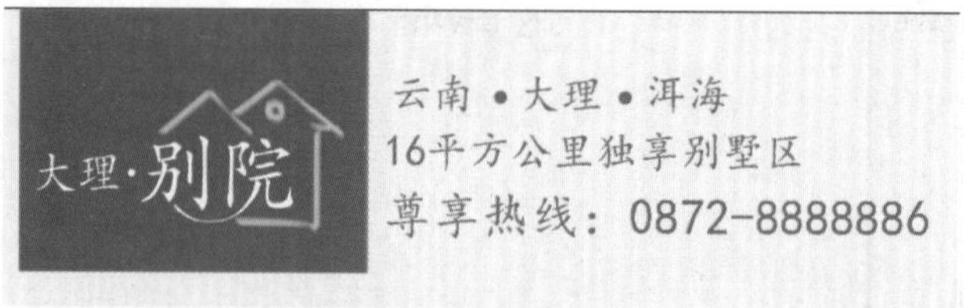

图6-6　文字效果

（3）制作B区分类导航

①运用文字工具输入分类词组。字体为楷体、字号为14、颜色为黑色（见图6-7）。

新闻中心　　　项目详情　　　户型介绍　　　周边配套　　　星级物业　　　业主论坛

图6-7　文字导航

②运用工具栏矩形工具绘制出颜色为#610000的矩形色块。输入文字"预约看房"，字体为楷体、字号为18、颜色为黑色，置于矩形色块图层上方（见图6-8）。

（4）制作C区详细内容

①运用工具栏圆角矩形工具绘制出一个圆角矩形。打开"素材"\"模块六"\"任务一"\"风景"，置于圆角矩形图层上方，以圆角矩形图层为基底层创建接剪切蒙版（见图6-9、图6-10）。

图6-8　文字效果

图6-9　图层蒙版设置图

图6-10　运用图层蒙版效果

②绘制一个长条矩形选区框，运用透明渐变工具制作出从白色到透明的长条光束，置于风景图层上方（见图6-11）。

图6-11　长条光束效果

③复制多个矩形光束，适当调整图层的不透明度，制作出天光效果。新建一个图层绘制圆形选区，羽化后填充选区为白色，制作高光效果放于天光顶端，风景画面上最亮的区域，强化画面中的高光，提升画面层次感（见图6-12）。

图6-12　画面的层次感

④点击图层面板上的"色相/饱和度"和"色阶"调整图层，对图片颜色进行微调（见图6-13、图6-14）。

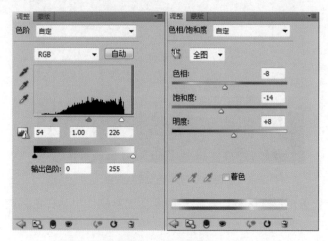

图6-13　参数设置图

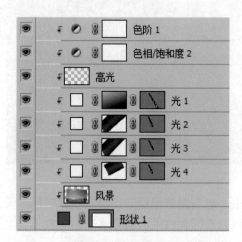

图6-14　图层的色阶

⑤打开"素材"\"模块六"\"任务一"\"房屋模型"，去掉除去房屋外的其他背景，放入网页画面的右下角（见图6-15）。

⑥在"房屋模型"图层上添加"色阶"和"颜色渐变"调整图层，调整房屋颜色为蓝色调，融入画面之中（见图6-16）。为房屋添加阴影，让房屋与背景融合得更加和谐。

⑦打开"素材"\"模块六"\"任务一"\"Logo"元素，调整Logo颜色为#290303；输入文字"观，风花雪月"，分别调整好颜色和位置，打开图层面板，点击图层样式，为文字添加投影效果，字体为行楷（见图6-17）。

图6-15 房屋模型的摆放位置

图6-16 调整房屋的色阶

图6-17 添加文字效果

⑧选择矩形工具绘制白色矩形色块，调整不透明度为60%，为网站添加上项目简介（见图6-18）。

图6-18 项目简介

⑨绘制#07437b蓝色矩形色块，为网站添加上版权信息（见图6-19）。

图6-19 版权信息

知识链接

　　要想随心所欲的调整图片色彩必须对图片的色相、饱和度、明度有一个基本的认识，那他们究竟是什么呢？

　　色彩的色相——色彩的相貌，可以理解为颜色的名称,调整色相就是调整颜色；

　　色彩的饱和度——色彩的浓度，色彩饱和度越高色彩越斑斓,饱和度越低则色彩越灰暗；

　　色彩的明度——色彩的亮度，亮度最高为白色，最低为黑色。

做一做

　　请同学们为一家房地产公司设计公司网站。

想一想

　　同学们在本次任务中收获了哪些知识呢？请小组内交流总结后，把总结出的知识点写在下面。

任务二　制作产品类网站

任务描述

电子商务在现今社会被越来越人所接受，它所具有的开放性和全球性的特征，为企业创造了更多的贸易机会，也为消费者提供了更加便捷的服务。目前很多商品的官方网站也从传统的商品与企业宣传性网站转型为积推广宣传与销售为一体的综合型网站。

网站策划

"飞利浦空气净化器网站"是一个针对飞利浦空气净化器进行推广和销售的一个产品类网站（见图6-20）。

图6-20　空气净化器网站效果

1.网站色彩搭配

空气净化器主打绿色、健康，提高人们的空气质量，让生活环境更加美好。在颜色上，运用了清爽的浅蓝色和浅绿色为网站主色调，并运用同色系颜色为辅助色，整体给人置身于舒适的大自然之中，充分迎合其产品自身健康的主题。Banner在用色上也以自然清新的绿蓝色为主导，配以暖色调文字让主题文字更好突出（见图6-21）。

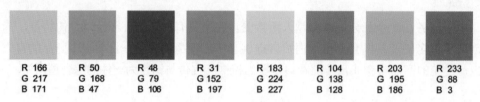

R 166	R 50	R 48	R 31	R 183	R 104	R 203	R 233
G 217	G 168	G 79	G 152	G 224	G 138	G 195	G 88
B 171	B 47	B 106	B 197	B 227	B 128	B 186	B 3

图6-21　网站色彩搭配

2.网站布局

网站首页分为4个部分来设计制作（见图6-22）。

A区 Logo与分类导航；

B区 Banner；

C区 家用型商品区；

D区 车载型和滤网商品区；

E区 快速链接和版权信息；

F区 底色。

3.素材准备

针对设计方向进行素材收集准备（见图6-23）。

图6-22　素材图

图6-23　素材图

制作步骤

（1）A区logo与分类导航/F区底色

①打开Photoshop，新建一个1 400（高）×900（宽）像素，分辨率为72像素/英寸的文档，命名为"净化器网站设计"。

②为了让后续的制作更加方便，预先在图层面板进行图层分组，后续在相对应的图层分组中进行设计制作。点击图层面板下方 □ 创建新组按钮（见图6-24）。

③在底纹图层组内新建图层"底色1"，填充蓝色为#1f98c5。在底色1图层上方添加"底色2"图层，运用矩形工具绘制出绿色为#a6d9ab底色（见图6-25）。

④在A区运用圆角矩形工具绘制颜色为#a6d9ab的圆角矩形，并打开"素材"\"模块六"\"任务二"\"Logo"元素选择所需要的logo形式，放置于圆角矩形上层左边位置。在logo旁输入文字"飞利浦空气净化机"。颜色为#1f98c5，字体为黑色，字号为18（见图6-26）。

⑤运用椭圆工具、自定形状工具、钢笔工具绘制出"搜索""联系我们""登录"图标。颜色为#1f98c5（见图6-27）。

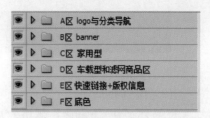

图6-24　图层分组

图6-25　底色效果

图6-26　Logo效果

图6-27　绘制图标

⑥运用文字工具输入文字"首页 I 新闻中心 I 所有商品 I 线上购买 I 服务支持"。颜色为白色，字体为黑色，字号为14（见图6-28）。

PHILIPS 飞利浦空气净化机

首页 ｜ 新闻中心 ｜ 所有商品 ｜ 线上购买 ｜ 服务支持

图6-28　导航条效果

（2）B区banner

①新建文件"banner"规格为900（宽）×550（高）像素，分辨率为72像素/英寸。打开"素材"\"模块六"\"任务二"\"室内家居1"调整到版面合适大小，运用"图像"→"调整"→"色相/饱和度"适当降低图片饱和度，并通过滤镜为图片添加高斯模糊效果（见图6-29）。

图6-29

②运用椭圆工具绘制蓝色为#6ec5c9的圆形，调整图层不透明度为20%。再复制一个该图层置于上方，调整图层不透明底为50%（见图6-30）。

图6-30　调整图层不透明度

③加入"素材"\"模块六"\"任务二"\"草坪"，调整到画面合适大小，运用图层剪切蒙版将图片置于步骤2绘制的椭圆中（见图6-31）。

④在草坪图层上方添加一个"色相/饱和度"调整层，降低部分草坪的饱和度和明度（见图6-32）。

图6-31 绘制椭圆

图6-32 降低饱和度

⑤加入"素材"\"模块六"\"任务二"\"人物",为图层添加蒙版,通过蒙版将人物图片中部分地板和窗户擦除(见图6-33)。

图6-33 添加蒙版

⑥加入"素材"\"模块六"\"任务二"\"净化器4",添加文字"飞利浦空气净化器""AC4074"(见图6-34)。

图6-34　添加文字

⑦选择矩形选区工具,绘制一个矩形选区并填充为蓝色,执行"滤镜"→"添加杂色",继续执行"滤镜"→"动感模糊",然后对矩形进行自由变换,最后添加图层蒙版调整风的边缘,效果如图6-35所示。

图6-35　蓝色风特效

⑧加入"素材"\"模块六"\"任务二"\"叶子2",设置为自定义画笔,通过设置画笔属性绘制出树叶飘带(见图6-36)。

图6-36　绘制树叶飘带

⑨添加"素材"\"模块六"\"任务二"\"树叶"和"花朵"元素(见图6-37)。

图6-37　添加树叶和花朵

⑩运用步骤⑧的方法在人物后面绘画树叶飘带(见图6-38)。

图6-38　绘制人物后的树叶飘带

⑪运用钢笔工具绘制出弧形路径，在路径上添加文字"我家的天然氧吧！"，再用钢笔工具在文字后面绘制橙色为#e66205飘带（见图6-39）。

图6-39　绘制文字特效

⑫添加文字"健康""呼吸"，添加logo（见图6-40）。

图6-40　添加文字

⑬运用组合键Ctrl+Alt+Shift+E执行盖印图层命令，适当调整画面整体色调，完成Banner制作（见图6-41）。

图6-41　制作Banner

⑭将制作好的Banner放入"净化器网站设计"文件，运用矩形选区工具在Banner图片上添加色号为#a6d9ab的绿色线框（见图6-42）。

⑮利用椭圆工具和自定义形状工具为Bannner窗口添加翻页按钮（见图6-43）。底色为白色，并添加"图层样式"→"内阴影效果"。

图6-42　制作绿色线框

图6-43　制作翻页按钮

（3）C区家用型商品区

①运用矩形工具绘画一个白色矩形，加入"素材"\"模块六"\"任务二"\"室内家居2"，放置于白色矩形上方位置（见图6-44）。

127

图6-44　绘制矩形

②加入"素材"\"模块六"\"任务二"\"净化器7"，添加产品文字"AC4620""空气净化器双效动力"（见图6-45）。文字颜色为#1f98c5，字体为黑体，字号为14。

图6-45　添加文字

③运用Banner中制作蓝色风的方法制作净化器往外吹出风的效果（见图6-46）。

图6-46　外吹风效果

④运用钢笔工具勾勒出弧形路径，并在路径上添加文字"双倍净化 双重守护"（见图6-47）。

图6-47 钢笔路径文字

⑤运用矩形工具绘画一个白色矩形，添加净化器元素"素材"\"模块六"\"任务二"\"净化器1-6"，并添加商品的文字信息（见图6-48）。

图6-48 商品文字效果

⑥添加板块信息文字"家用型"，导航文字"查看全部"。颜色为#022431，字体为黑体，字号为30，14（见图6-49）。

图6-49 添加版块信息文字

⑦运用椭圆工具结合自定义形状工具绘制"查看全部"按钮，颜色为#9f9f9f（见图6-50、图6-51）。

图6-50　绘制按钮

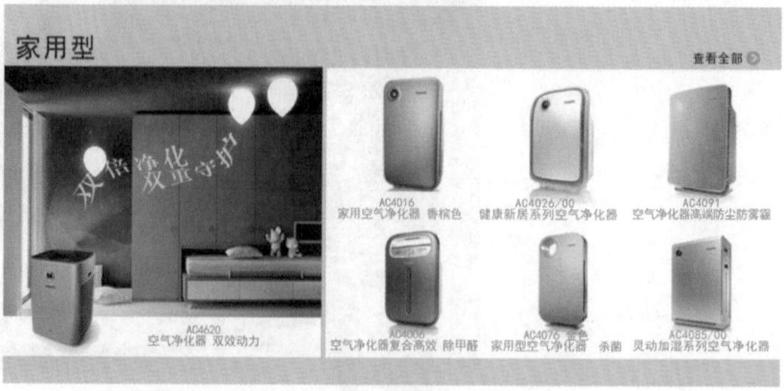

图6-51　按钮摆放效果

（4）D区车载型和滤网商品区

运用C区制作方法制作出D区（见图6-52）。

图6-52　绘制商品信息

（5）E区快速链接+版权信息

导入合作电商企业Logo元素，将其设置为白色。运用文字工具输入快速链接和版权相关信息文字（见图6-53）。

图6-53　版权信息

Banner设计在网站设计中占有非常重要的位置,在一个Banner的设计中要注意到风格、配色、排版三个要素。风格和配色的选择要从商品本身出发,在设计中充分了解商品,了解其特性和卖点,结合产品来进行设定。在排版中,文字要求重点突出,大小粗细错落有致,字体不宜运用过多,保持在两种左右。主题文字可以适当地进行变形设计,加入一些与内容有关联的图形或元素,与设计内容相呼应,突出重点的同时增加整个画面的设计感觉。

做一做

(1)请同学们为"飞利浦空气净化器网站"设计一个新的Banner。

(2)从网站策划、搜集素材开始,尝试设计一个全新的商业网站。

想一想

同学们在本次任务中收获了哪些知识呢?请小组内交流总结后,把总结出的知识点写在下面。

任务三 制作门户类网站

任务描述

门户类网站种类繁多,如以搜索为主的搜索引擎式门户网站,以新闻信息、娱乐资讯为主的综合性门户网站,以地方生活为主的地方性门户网站等。本次任务以"渝人码头"门户网站设计为例,讲解门户类网站设计制作的基本方法及思路。

网站策划

"渝人码头"是一个地方性的综合门户网站,包含时事新闻,便民服务和汽车、美容、财经、房产等信息。(见图6-54)。

图6-54　门户类网站效果

1.网站色彩搭配

综合性门户网站涵盖的信息丰富繁杂，所以在设计的时候尽量让网站色彩和设计简洁，以免太多色彩和设计造成阅读上的视觉障碍。"渝人码头"网站是重庆本土的综合门户网站，在设计中采用了最普通的颜色黑、红、白、灰，来体现山城人民的朴实与热情（见图6-55）。

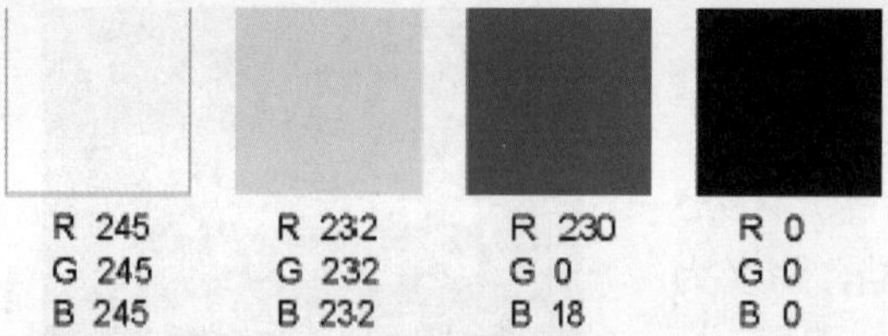

R 245	R 232	R 230	R 0
G 245	G 232	G 0	G 0
B 245	B 232	B 18	B 0

图6-55 网站色彩搭配

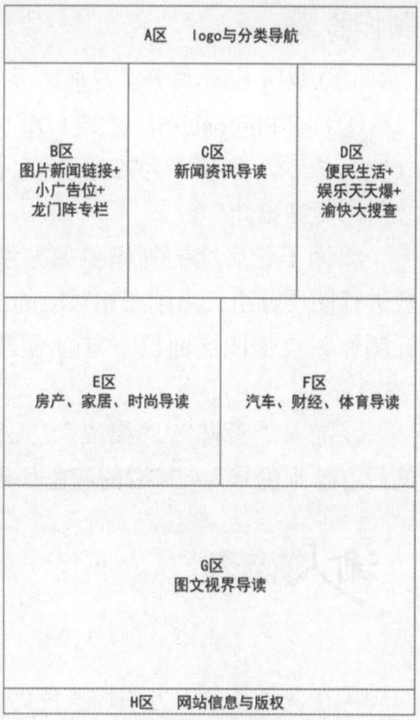

A区 logo与分类导航		
B区 图片新闻链接+ 小广告位+ 龙门阵专栏	C区 新闻资讯导读	D区 便民生活+ 娱乐天天爆+ 渝快大搜查
E区 房产、家居、时尚导读		F区 汽车、财经、体育导读
G区 图文视界导读		
H区 网站信息与版权		

2.网站布局

网站首页分为4个部分来设计制作（见图6-56）。

A区 Logo与分类导航；

B区 图片新闻链接+小广告位+龙门阵专栏；

C区 新闻资讯导读；

D区 便民生活+娱乐天天爆+渝快大搜查；

E区 房产、家居、时尚导读；

F区 汽车、财经、体育导读；

G区 图文视界导读；

H区 网站信息与版权。

图6-56 网站布局

3.素材准备

针对设计方向进行素材收集准备（见图6-57）。

图6-57 素材图

制作步骤

（1）A区Logo与分类导航

①打开Photoshop，新建一个1 577（高）×955（宽）像素，分辨率为72像素/英寸的文档，命名为"门户网站设计"。

②为了让后续的制作更加方便，预先在图层面板进行图层分组，后续在相对应的图层分组中进行设计制作。点击图层面板下方 ▢ 创建新组按钮（见图6-58）。

图6-58 图层分组

③加入"素材"\"模块六"\"任务三"\"logo"元素，运用矩形工具在Logo元素的后方绘制色号为#f2f2f2的灰色长条（见图6-59）。

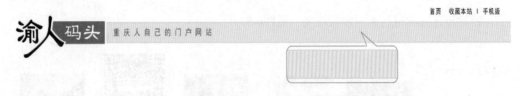

图6-59 Logo后的矩形

④在灰色长条上方添加灰色为#eaeaea的线条装饰，添加文字"重庆人自己的门户网站"，颜色为#545353，字体为黑体，字号为12，添加文字"首页""收藏本站手机版"颜色为黑色，字体为黑体，字号为10（见图6-60）。

图6-60 绘制背景

⑤绘制运用自定义形状工具 ▨ ，绘制天气图标并添加上日期文字信息（见图6-61）。

首页　收藏本站 ｜ 手机版

重庆　星期二　☂ 25℃

图6-61 绘制天气

⑥运用文字工具，添加分类导航文字（见图6-62）。

图6-62　导航文字

⑦运用矩形和自定义形状工具、文字工具为网站添加"论坛信息"和搜索信息（见图6-63）。

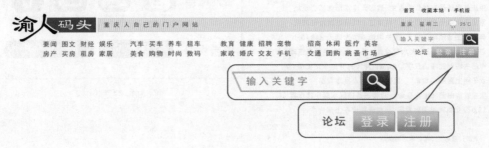

图6-63　绘制搜索信息

（2）B区图片新闻链接+小广告位+龙门阵专栏

①打开"素材"\"模块六"\"任务三"\"祥云"，选择合适云朵结合文字制作龙门阵专题Logo（见图6-64）。

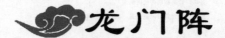

图6-64　龙门阵logo

②运用矩形工具规划图片新闻链接、小广告位、龙门阵专栏板块区域，并添加相关信息（见图6-65）。

（3）C区新闻资讯导读

①运用矩形工具绘制灰色为#e8e8e8矩形条，添加文字"新闻""资讯""民生"，颜色为#e60012，字体为黑体，字号为18（见图6-66）。

②运用文字工具添加新闻信息（见图6-67）。

（4）D区便民生活+娱乐天天爆+渝快大搜查

①导入"素材"\"模块六"\"任务三"\"图标元素"，结合圆形工具、圆角矩形工具盒文字工具制作便民生活版块（见图6-68）。

②制作娱乐天天爆版块Logo：输入文字"娱乐天天爆"其中"娱乐"为白色，字号为20号，字体为华文琥珀；"天天爆"为黑色，字号为17号，字体为黑体。运用图层样式为文字加上红色描边。在"天天爆"文字的下一层运用自定义形状工具绘画黄色爆炸标图案（见图6-69）。

图6-65　绘制图片新闻

新闻 资讯 民生

图6-66　绘制新闻资讯导读

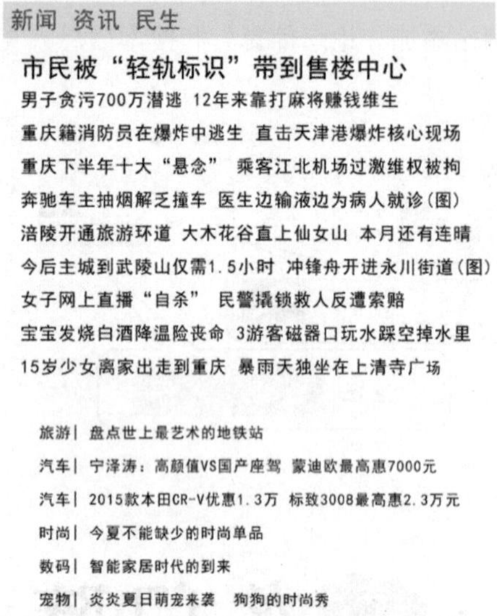
新闻 资讯 民生
市民被“轻轨标识”带到售楼中心
男子贪污700万潜逃 12年来靠打麻将赚钱维生
重庆籍消防员在爆炸中逃生 直击天津港爆炸核心现场
重庆下半年十大“悬念” 乘客江北机场过激维权被拘
奔驰车主抽烟解乏撞车 医生边输液边为病人就诊(图)
涪陵开通旅游环道 大木花谷直上仙女山 本月还有连晴
今后主城到武陵山仅需1.5小时 冲锋舟开进永川街道(图)
女子网上直播“自杀” 民警撬锁救人反遭索赔
宝宝发烧白酒降温险丧命 3游客磁器口玩水踩空掉水里
15岁少女离家出走到重庆 暴雨天独坐在上清寺广场
旅游| 盘点世上最艺术的地铁站
汽车| 宁泽涛：高颜值VS国产座驾 蒙迪欧最高惠7000元
汽车| 2015款本田CR-V优惠1.3万 标致3008最高惠2.3万元
时尚| 今夏不能缺少的时尚单品
数码| 智能家居时代的到来
宠物| 炎炎夏日萌宠来袭 狗狗的时尚秀

图6-67　添加新闻信息

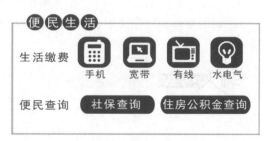

便民生活
生活缴费
手机
宽带
有线
水电气
便民查询
社保查询
住房公积金查询

图6-68　生活版块

娱乐天天爆

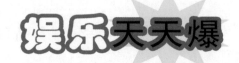

图6-69　绘制天天爆版块

③运用矩形工具规划出娱乐天天爆板块图片链接区域。运用文字工具添加“往期回顾”。颜色为#8c8b8b，字体为黑体，字号为10（见图6-70）。

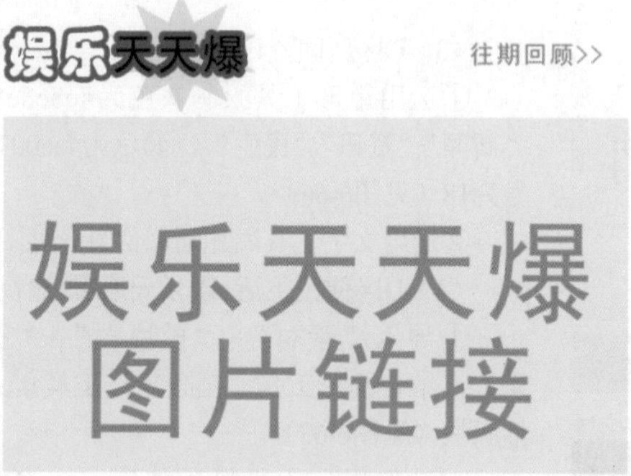
娱乐天天爆
往期回顾>>
娱乐天天爆
图片链接

图6-70　绘制往期回顾

④制作渝快大搜查版块Logo：输入文字“渝快大搜查”，字体为华文琥珀，颜色为红色，字号为16。运用自定形状工具绘制放大镜图标，加到文字右边（见图6-71）。

渝快大搜查

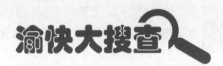

图6-71　绘制渝快大搜查

⑤运用矩形工具规划出渝快大搜查版块图片的链接区域。运用文字工具和圆角矩形工具添加分类导航按键（见图6-72）。

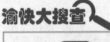

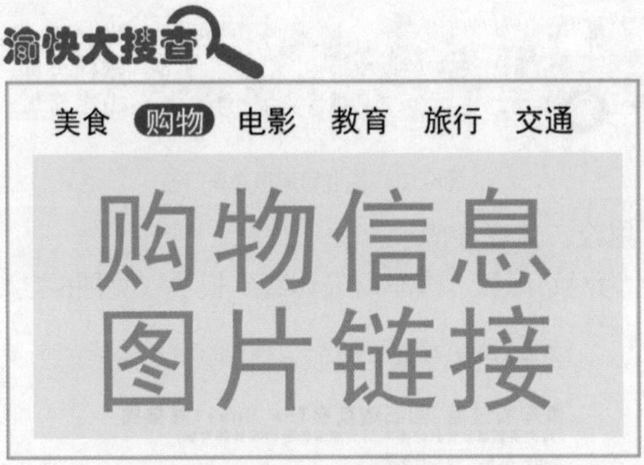
渝快大搜查
美食 购物 电影 教育 旅行 交通
购物信息
图片链接

图6-72　绘制图片链接区域

（5）E区房产、家居、时尚导读

①运用矩形工具绘制灰色为#e8e8e8矩形条，添加文字“新闻”“资讯”“民生”，颜色为#e60012，字体为黑体，字号为18（见图6-73）。

房产 家居 时尚

图6-73　绘制E区

②添加“房产家居时尚”板块新闻的内容文字和图片（见图6-74）。

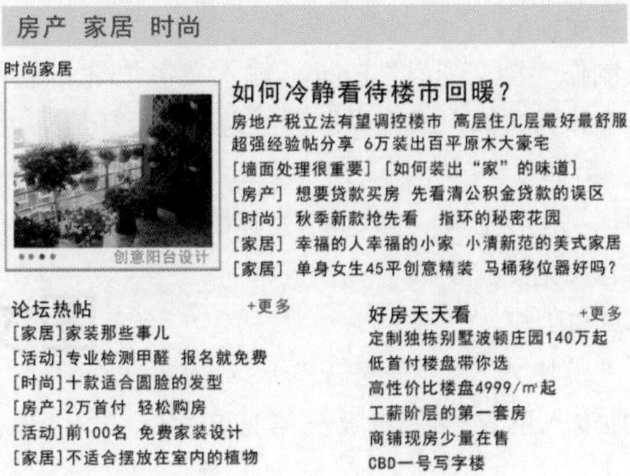

房产 家居 时尚
时尚家居
如何冷静看待楼市回暖？
房地产税立法有望调控楼市 高层住几层最好最舒服
超强经验帖分享 6万装出百平原木大豪宅
[墙面处理很重要] [如何装出“家”的味道]
[房产] 想要贷款买房 先看清公积金贷款的误区
[时尚] 秋季新款抢先看 指环的秘密花园
[家居] 幸福的人幸福的小家 小清新范的美式家居
[家居] 单身女生45平创意精装 马桶移位器好吗？
创意阳台设计
论坛热帖
+更多
[家居]家装那些事儿
[活动]专业检测甲醛 报名就免费
[时尚]十款适合圆脸的发型
[房产]2万首付 轻松购房
[活动]前100名 免费家装设计
[家居]不适合摆放在室内的植物
好房天天看
+更多
定制独栋别墅波顿庄园140万起
低首付楼盘带你选
高性价比楼盘4999/㎡起
工薪阶层的第一套房
商铺现房少量在售
CBD一号写字楼

图6-74　添加板块新闻内容

图6-75 绘制抢好礼

③导入"素材"\"模块六"\"任务三"\"礼物",在礼物图层的下层添加色号为#eca1c5的粉色矩形,并添加文字"点我""抢好礼"(见图6-75)。

④导入"素材"\"模块六"\"任务三"\"车",在车图层的下层添加颜色为#fffb89的矩形。运用钢笔工具勾勒出文字弧形路径,添加文字"看房直通车""预约送好礼"。运用文字工具添加楼盘信息链接(见图6-76)。

图6-76 绘制看房直通车广告

(6)F区汽车、财经、体育导读

运用上述方法,为网站添加"汽车财经体育"板块(见图6-77)。

图6-77 绘制汽车财经体育

(7)G区图文视界导读

①运用文字工具制作"图文视界"Logo:输入文字"图文视界",其中"图文"为黑色,字号为26号,字体为黑体,"视界"颜色为红色#921d22,字体为行楷,字号为46号(见图6-78)。

②运用文字工具、矩形工具、多边形工具制作"图文视界"其他内容(见图6-79)。

(8)H区网站信息与版权

导入"素材"\"模块六"\"任务三"\"二维码",运用文字工具输入网站信息与版权信息文字(见图6-80)。

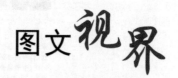

图6-78 制作图文视界

图6-79 其他内容

渝人简介 | 投稿邮箱 | 联系我们 | 招聘信息 | 网站律师 | 通行证注册 | 产品答疑

扫一扫 下载官方APP

图6-80 版权信息

知识链接

网站设计中的文字我们了解多少呢?

1.字体的选择

不同的字体有着不同的个性语言和表现力。如,棱角分明的字体庄重,严肃、男性化;纤细圆润的字体清新、柔弱,女性化;手写体随意、轻松,等等。所以我们在日常学习中要多积累、多了解字体特性,便于自己在设计中更得心应手。

2.字体的大小

字体的大小排版变化可以产生空间层次感,进而产生前后、主次的区别。设计中要充分利用这一特性来进行排版设计。但切记,不要过多的对比变化,使得画面杂乱无章。

3.文字的图形化

文字通过设计加入图形语言特征,使得信息的传达更加的直接,形象生动。

做一做

(1)设计3个以上的图形化文字。

(2)尝试策划设计一个综合型门户网站。

想一想

同学们在本次任务中收获了哪些知识呢？请小组内交流总结后，把总结出的知识点写在下面。

任务四　制作娱乐类网站

任务描述

娱乐类网站包含的类别也是多种多样，如视频网站、音乐网站、游戏网站等都属于娱乐类网站范畴。本次任务我们以游戏"坦克1943"为设计对象，为其设计一个官方网站。通过对网站设计的讲解，了解娱乐类网站制作的基本方法及思路。

网站策划

"坦克1943"是一款以坦克为主题的及时战略游戏，针对这款游戏制作的网站，主要为了介绍这款游戏和公布官方公告、新闻、活动等，以及提供该款游戏下载、注册和道具买卖，玩家互动等（见图6-81）。

图6-81　坦克最终效果图

1.网站色彩搭配

由于坦克1943是一款战争类的游戏，在网站设计的时候重点以厚重的颜色和饱和度比较低的色调来体现游戏场面的宏大（见图6-82）。

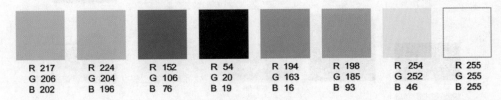

R 217	R 224	R 152	R 54	R 194	R 198	R 254	R 255
G 206	G 204	G 106	G 20	G 163	G 185	G 252	G 255
B 202	B 196	B 76	B 19	B 16	B 93	B 46	B 255

图6-82 网站色彩搭配

2.网站布局

网站首页分为4个部分来设计制作（见图6-83）。

A区 Logo与分类导航；

B区 Banner；

C区 信息内容；

D区 网站信息与版权。

```
┌─────────────────────────────────┐
│        A区    logo与分类导航        │
├─────────────────────────────────┤
│                                 │
│                                 │
│          B区    banner          │
│                                 │
│                                 │
├─────────────────────────────────┤
│                                 │
│          C区    信息内容          │
│                                 │
├─────────────────────────────────┤
│        D区    网站信息与版权        │
└─────────────────────────────────┘
```

图6-83 网站布局

3.素材准备

针对设计方向进行素材收集准备（见图6-84）。

图6-84　素材图

 制作步骤

（1）A区Logo与分类导航

①打开Photoshop，新建一个932（高）×900（宽）像素，分辨率为72像素/英寸，底色为白色的文档，命名为"游戏网站设计"。

②为了让后续的制作更加方便，预先在图层面板进行图层分组，后续在相对应的图层分组中进行设计制作。点击图层面板下方新建图层组按钮□创建新组（见图6-85）。

图6-85　图层分组

③运用矩形工具和钢笔工具绘制一个颜色为#0d0202的矩形条（见图6-86）。

图6-86　矩形条

④导入"素材"\"模块六"\"任务四"\"Logo"元素，运用图层样式渐变叠加、斜面浮雕和外发光效果（见图6-87）。

图6-87　图层样式效果

⑤运用文字工具和圆角矩形工具制作出分类导航标（见图6-88）。

图6-88 导航条

（2）B区 Banner

①新建一个550（高）×900（宽）像素，分辨率为72像素/英寸，底色为透明的文档，命名为"Banner"。

②导入"素材"\"模块六"\"任务四"\"乌云"，利用自由变换工具拉乌云的纵深效果（见图6-89）。

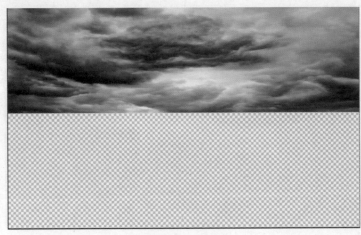

图6-89 乌云效果

③为"乌云"图层添加照片滤镜和色相、饱和度调整图层，并实施剪切蒙版命令（见图6-90）。

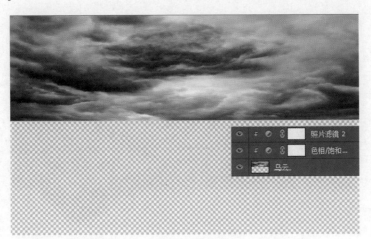

图6-90 调整乌云滤镜

④设置前景色为白色，选择自定形状工具 ◻ 中的格子 形状 ▦ ·元素，为底图乌云添加格子效果（见图6-91）。

图6-91 乌云格子效果

⑤打开"素材"\"模块六"\"任务四"\"残垣"，复制并镜像一个图层，创建图层蒙版调整两个图片间的衔接区域，使其自然衔接（见图6-92）。

图6-92 镜像残垣

⑥导入"素材"\"模块六"\"任务四"\"坦克1""坦克2"元素，新建图层运用画笔工具在坦克下方绘画出阴影效果（见图6-93）。

图6-93 阴影效果

⑦导入"素材"\"模块六"\"任务四"\"火",设置图层属性为滤色,运用自由变换工具调整火的形状,为画面添加燃烧的火效果(见图6-94)。

图6-94 火的燃烧效果

⑧导入"素材"\"模块六"\"任务四"\"闪电1""闪电2",设置图层属性为滤色,调整"闪电"到画面的合适位置,为画面添加闪电效果(见图6-95)。

图6-95 闪电效果

知识链接

不是所有的元素都需要抠图来去除背景的,合理地运用图层属性,很多时候会让你事半功倍。了解每个图层属性选项的效果,是你随心所欲运用图层属性的关键,试一试吧。

⑨为中间区域闪电添加"色相/饱和度"调整图层，将中间区域闪电颜色适当调暗。在所有闪电的最上层添加"照片滤镜"调整图层，调整画面整体色调（见图6-96、图6-97）。

图6-96　照片滤镜效果

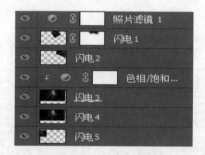

图6-97　图层色相设置图

⑩执行盖印图层，运用色阶调整画面整体对比度。在盖印图层上方添加"照片滤镜"调整图层，设置参数颜色为#f29019，浓度为17%，调整整个画面色调。在最上层运用选区和羽化填充将画面部分调整为暗色（见图6-98、图6-99）。

图6-98　调整画面对比度

图6-99 图层设置

⑪输入文字"VS",字体为Calisto MT,颜色为#fffbe7,字号为304,设置文字图层属性为溶解,并为图层添加外发光效果(见图6-100、图6-101)。

图6-100 文字特效

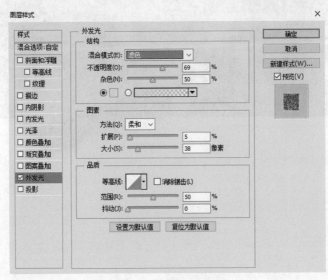

图6-101 图层样式设置图

⑫添加文字"巅峰对决 火爆公测",字体为迷你剪纸体,颜色为黄色,为文字添加描边效果(见图6-102)。

⑬将设计好的"Banner"导入"游戏网站设计"文件(图6-103)。

⑭在Banner图片下方运用透明渐变,添加由黄色到透明的矩形长条(见图6-104)。

147

图6-102　文字特效

图6-103　导入Banner

图6-104　调整Banner色彩

（3）C区信息内容

①导入"素材"\"模块六"\"任务四"\"齿轮"，调整图层不透明度为50%，并在网站白色底色区域内添加齿轮底纹（见图6-105）。

149

图6-105　导入齿轮

②结合矩形工具和文字工具制作"注册账号""领取礼包"按钮（见图6-106）。

图6-106　制作文字

③运用矩形工具、图层样式和自定形状工具制作视频播放窗口（见图6-107、图6-108）。

图6-107　视频播放

图6-108　图层设置

④运用矩形工具、图层样式和文字工具制作战队荣誉窗口（见图6-109、图6-110）。

图6-109　制作战队荣誉

图6-110　图层样式设置

⑤运用多边形工具和文字工具制作战队荣誉窗口（见图6-111）。

⑥运用多边形工具和文字工具制作新闻公告栏（见图6-112）。

图6-111 输入文字

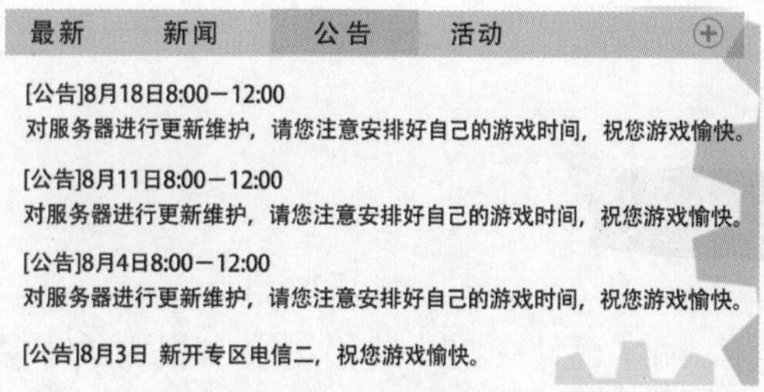

图6-112 新闻栏

⑦导入"素材"\"模块六"\"任务四"，运用矩形工具，文字工具制作"游戏下载账号激活""客户服务""每日签到"栏目（见图6-113）。

图6-113 导入素材元素

（4）D区网站信息与版权

运用矩形工具绘制颜色为#0d0202的矩形条，在矩形条上添加白色Logo及相关文字（见图6-114）。

图6-114　版权信息

知识链接

　　网站设计中图片的移花接木我们了解多少?

　　有时候很多想要表现的画面效果直接用图片素材不能达到,就需要利用元素进行移花接木,制作出自己想要达到的效果。移花接木在Photoshop中属于综合型运用模块。在制作中要牢记一个字——"真",也就是移花接木的画面要符合真实光影、色彩环境,避免出现破绽。要做到这点必须在抠图、调色、透视比例、增加阴影等方面有一定的认识和技巧。

- 抠图——细致无残缺、无多余部分;
- 调色——遵循环境色原则;
- 透视比例——符合近大远小、近实远虚的透视法则;
- 阴影——添加要合理、统一,符合自然规律。

 做一做

　　尝试策划设计一个综合型门户网站。

 想一想

　　同学们在本次任务中收获了哪些知识呢?请小组内交流总结后,把总结出的知识点写在下面。